莳花弄草
——家庭庭院的植物选择与搭配

【日】株式会社主妇之友社　著　　冯莹莹　译

Shade & Small Gardens

中国水利水电出版社
www.waterpub.com.cn

·北京·

CONTENTS

Part·1

巧妙利用背阴处的园艺

→ 第**12**页

常年无日照以及被遮挡的南向庭院常会使园艺爱好者沮丧不已，不过背阴处也并非全无优势。它不仅能营造出宁静、祥和的庭院氛围，还能为低日照植物提供适宜的生长环境。如能善加利用这些植物，就可轻松打造出漂亮的庭院。因此，我们要舍弃"背阴处是消极因素"这种先入为主的观念。

泡沫花适宜种在背阴处，这样不仅可使花朵开放，其绿叶也较富观赏性。

无日照处最适宜栽种绿叶植物。将紫萼、知风草、珊瑚木、常春藤及大吴风草等巧妙搭配在一起，效果极佳。

栽种在 2m 宽的细长空间内的各种杂木。由于树干底部枝叶较少，
总体外观显得简洁、清新而毫无压迫感。

使用杂木的园艺

 第**30**页

　　"杂木"即生长于山野的树木，是园艺中的常用植物。由于杂木的线条较为舒展，即使种在狭小空间也极具存在感，同时还具有提升视觉高度的效果。高挑修长的外观独具自然美感，最适合点缀西式宅院。杂木的新绿与红叶之美自不必说，就连冬日的枯枝也颇具风韵。由于杂木多长在幽暗的森林中，其大部分树种都适于栽种在背阴处。

在多种杂木下方种上山野草，整体园艺风格自
然、清新。其中的小婆罗树显得十分清秀，其
树皮光滑而美观。

Part·3

适于狭小空间的园艺 ➔ 第**40**页

　　很多人因自家用地有限而放弃了园艺设计，其实当你仔细观察周围环境之后就会发现可利用的空间不在少数。对此，我们不可弃之不管，即便是 1m×1m 的空间也有多种美化方法，花草可将任何狭小空间装点一新！所以，请再次仔细查看一下房屋周围的环境吧。

坐落于仿古红砖水阀周围的小花园。挺拔的针叶树（侧柏）让人眼前一亮，花盆及吊篮中的各种应季花卉也显得光彩夺目。

用各种花盆将门柱周围美化一新。巧用棚架是高效利用空间的关键。

种于庭院一角的散叶莴苣和迷你番茄等。色彩艳丽的旱金莲花还可放入沙拉等菜肴中食用。

Shade & Small Gardens **Part.4**

收获幸福的菜园

➡ 第 **58** 页

　　庭院的乐趣不仅限于赏玩、休憩，菜园式庭院最近也很流行。自己亲手栽种的蔬果会给餐桌及生活增添一抹亮丽风景，让人备感欣喜。如香气浓郁的香草、果实性花木、果树及外观独特的蔬菜等，不仅可用来装饰庭院，还能让人享受到收获的乐趣。即便您对养花毫无兴趣，也能乐在其中。香草和各种漂亮的蔬菜让您的庭院更富于变化。

蓝莓树盆栽。除了小型的莓类果树外，蜜柑、苹果及葡萄等也可进行盆栽。

栅栏及墙面的美化

 第 **68** 页

　　在房屋的外墙及栅栏处种植植物，具有极佳的美化效果。虽然过去这种美化方法较为少见，但随着外墙材质的不断提高以及棚架等耗材的广泛普及，使得越来越多的人选择更换新型的外墙材料。如此一来，即便没有整块的栽种空间，也可充分利用外墙享受花红柳绿的乐趣。用蔓生蔷薇或常春藤等蔓生植物覆盖墙面或栅栏，会让住所更显别致，同时还可搭配各种花盆和吊篮。

同蔓生蔷薇一样，铁线莲也是装饰墙面的首选植物。由于铁线莲种类丰富，可选择自己喜欢的品种。上图为铁线莲 Viticella 种的 Alba Luxurians；下图为铁线莲 Texensis 种的 Sir Trevor Lawrence。

蔓生蔷薇可以种植在任何场所。蜿蜒于墙面及栅栏上的美丽花枝，显得十分雅致。栽种时仅需在墙面支上架子或布上金属线即可让花枝攀附生长。

迷你蔷薇"昨夜姬"的花枝自防护墙垂落而下。很多蔓生蔷薇在开花时都会自然下垂枝蔓。

于红砖露台上的盆栽园艺。变换不同盆栽，可让此处四季花常开。同时还要擅用棚架与基座。

不限场所的盆栽园艺

➜ **第86页**

用各种花盆及条盆栽种花草不仅能美化庭院，还能装点露台、门旁及甬路等无土区域。由于盆栽可移动、能随意变换造型且操作简单，因此很多人会在种有植物的庭院内进行盆栽园艺。当你操作熟练后，还可尝试用混栽盆栽或吊篮来美化各种场所。

安装于遮阳走廊门柱上的三色紫罗兰与丝石竹的盆栽。巧妙设计花盆的位置会让盆栽更加生动。

单个盆栽也能如此绚烂夺目，由雏菊、白花茼蒿（木茼蒿）、海葵等各种艳丽春花做成的混栽。

放于窗口花箱的仙客来及三色紫罗兰等花卉的盆栽。根据季节更换盆栽，会更具乐趣。

三色紫罗兰的吊篮。在吊篮两侧种上花苗可营造出花团锦簇的效果，十分漂亮。

Shade & Small Gardens

Part·7

适于窗边、露台及室内的园艺

➡ 第106页

即使家中没有庭院也可享受园艺的乐趣。露台、木连廊及窗边等连接室内与室外的空间均可用作园艺场所。如能巧妙搭配各种植物，不仅能实现人工与自然的和谐统一，还能起到舒缓心灵的作用。在窗边装饰绿色植物的"室内园艺"也极具乐趣。如能根据室内环境选择适合的植物，它们就会像庭院里的花草一样带给我们许多安慰。

用各种盆栽和吊篮将木连廊美化一新。设置于此处的凉亭还可放置更多的植物。

可爱的多肉植物最适于放在窗边。小型多肉植物占用的空间不大，而且种类丰富、易于栽培。

雅致的山野草盆栽与日式风格房间最为相称。该植物平时可在露台种植，开花后可移入室内。下图为日本鬼灯檠。

耐阴性较强的观叶植物最适合摆放在室内，巧用各种花盆及盆罩能起到极佳的装饰效果。

用各种盆栽装点公寓露台的一角。低日照场所最适宜种植绿叶植物，而花卉则需经常移至光线充足之处。

打造恬静安适的休闲空间

巧妙利用
背阴处的
园艺

光影交织、趣味盎然是背阴处的独特魅力。
欧美等地在庭院设计上对背阴处情有独钟，
他们会着意设置背阴处并将其称为"背阴
花园"。所以，请各位务必重新认识背阴处
的优势。同时，适于生长在背阴环境中的
植物也是不胜枚举。

　　很多人在进行庭院设计时都将日照作为必要条件，梦想打造
出繁花似锦的庭院风格。日照不足的确是个不利因素，然而那些
整日日照充足的庭院一到夏季就暑热难耐，不仅让喜欢散步的人
望而却步，就连精心栽培的植物也萎靡不振。与之相比，凉风习
习的树荫显得多么惬意！尤其是光线较好的背阴处及半背阴处，
除了部分喜光植物外，很多杂木及绿叶植物等均可在此生长。

　　"背阴处"仅是一个笼统名称，不同背阴处的光线条件各不
相同，一天中不同时间段所产生的阴影程度也不同，同时还会受
到季节的影响。在高日照的夏季形成的背阴空间较小，而在低日
照的冬季由于阴影拉伸，形成的背阴空间则较大。所以，我们应
充分观察庭院一年之中的日照变化，然后选择适于栽种的植物。

●用圆木与石砖搭建花床是加强日照的有效手段。由于此处设有多个棚架，便于种植数种紫萼及栎叶绣球花。不同叶形及叶色的植物交错重叠、生机盎然，就连花盆里的小花矮牵牛也如此绚丽缤纷。

●将光线不足的落叶树树荫一角打造成别致的小花园。在弧形铺设的地砖周围砌起亮色砖墙并安上铁栅栏。阳光可透过砖墙空隙射进院内，变色鼠尾草及条纹常春藤如草坪植物般郁郁葱葱，点缀其间的小兔饰品更显俏皮、可爱。

选择低日照条件下易开花的花卉

虽然多数花草都喜欢日照充足的环境，但也并非所有花卉终年整日都需要日照。很多于早春至春季开放的花卉在早春时喜阳，而在夏季时喜阴，如圣诞玫瑰、倒挂金钟等，就连凤仙花、蝴蝶草等花卉也不适应夏日的强光环境。

屋前的北向院落能接受间接日照而变成有光线的背阴处，除了少部分极喜阳植物外，在东向、西向庭院里几乎可栽种任何植物。

●由日本野百合改良而成的东方百合可于低日照环境中开花。生长于斜条栅栏前的高株百合、中高的天竺牡丹、鼠尾草以及矮株的绵毛水苏构成了一道错落有致的风景，让半背阴空间显得清新、可爱。

●花形多样、花色缤纷的圣诞玫瑰广受欢迎，但此花并不适应日本夏季高温高湿的气候。如想在庭院内种植此花，需在6月至9月底将其移至背阴处。届时可选择明亮、开阔的北向庭院，而东向的半背阴庭院则更佳。

●绣球花、马蹄莲等耐阴性强的植物最适于种在能沐浴和煦朝阳的地方，那些不适于强日照的植物均易于在此生长。不过，由于马蹄莲耐寒性较弱，最好用花盆种植并于冬季移入室内。

14

●背阴处最适宜种植针叶树及观叶植物。侧柏的黄绿叶片充分提升了庭院一角的亮度，而古铜色的野芝麻及常春藤又营造出恬静氛围。近处的凤仙花是耐阴性较强的花卉，也是打造背阴庭院的常用花卉。此处明暗对比鲜明，颇显幽深静谧，置于砖墙处的车轮饰物更显别具一格。

●花床里种有红叶脉的酸模及青铜色掌形叶的矾根，同时点缀着淡紫色风铃草、飞蓬及三色堇等小花。随风摇曳的花朵让花床更显亮丽。

●庭院内的杂木枝繁叶茂，但墙边的植株底部则稍显黯淡。如在此处种上蕨类、让墙上长满爬山虎，就构成了一幅浓绿喜人的景象。尤其当夏日凉风习习吹过之时，更觉神清气爽。

擅用绿叶植物

　　建筑物及邻墙间的北向通道以及针叶树、阔叶树的下方均为无日照的背阴区域。此处虽不适宜栽种花草，却可种植蕨类、苔藓及富贵草等绿叶植物，四季常青的彩叶植物及紫萼等也适于此环境。同时，选择叶片生有条纹的植物还能提升亮度。由于常绿阔叶树株底部较干燥，应尽量选择黄金钱草、紫山慈菇及黄色天使等耐阴性及耐旱性都较强的植物。

●在粗壮弯曲的株干下方点缀上石块及绿叶植物，堪称一个极富个性的背阴庭院。古铜色新西兰麻、折鹤兰及禾叶土麦冬的简洁叶片与紫萼的圆润叶片相映成趣，而不同叶色的巧妙搭配也让整体外观的色调更加协调，随意分布于踏脚石间的石灰绿色黄金钱草更显青翠可爱。

右图●由多种针叶树构成的庭院一角。深色砖墙与随意铺就的甬路构成了半背阴式庭院。高挑植株与矮小植株的对比效果极佳，更显轮廓分明。广受欢迎的银色系针叶树可提升亮度，而条纹型植物盆栽又加深了近处的绿意，让整个庭院风格更趋于统一。

用朴素大方的杂木及野草装点庭院

近来村落近山广受关注，那么就让我们把目光投向那里的植被吧。这里各种杂木枝繁叶茂，遍布脚边的野花野草绚丽多姿，不禁让人感到无比惬意与安适。其实，在背阴及半背阴庭院里营造这种氛围也并非难事。由于森林中的野草多喜阴，人们便可在少花时节尽享绿叶的乐趣。如能将喜阴性野草与一些漂亮花卉及枝条茂盛的杂木如山百合、虾脊兰、淫羊藿及春兰等巧妙搭配在一起，就能打造出一座极具魅力、趣味盎然的庭院。

●铺路石周围的矮株荷包牡丹、珊瑚钟（矾根）等长得郁郁葱葱，让此处更显宁静、惬意。藏于葱茏绿意中的红色水杨梅小花及蓝色琉璃虎尾草小花更显生机勃勃。

右中图●在建筑物与外墙间的低日照通道的墙边栽种植物。用高株杂木与金线草、山粗齿绣球等灌木营造高低错落之感，树下点缀上圣诞玫瑰的浓绿叶片与秋丁香的淡紫色小花，整体感觉美不胜收。此外，不规则的铺路石与备前烧（日本冈山县备前地区烧制的陶瓷）风格的水缸让此处显得时尚而不失和风之美。

右下图●营造颇具近山风格的缓坡，随意放置的平石外形自然、毫不突兀。在后方栽种多株杂木，近前栽种禾叶土麦冬、华中虎耳草等绿叶植物。点缀于恬静绿意中的几丛山野小花，让整体氛围更显亲切、温暖。

●建筑物环绕而成的中庭一角。中央栽有小型杂木，同时点缀着圣诞玫瑰、杜鹃、紫萼及华中虎耳草，再用疏叶卷、耳挖草等植被覆盖地表。巧妙选择不同植物能使背阴处变成一个绿意盎然、层次丰富的休闲佳所。

●由竖条木栅栏与仿古红砖围成的庭院一角，设有水池及三层水琴窟（日式庭院的装饰物，可滴水听音），既显和风神韵又颇具时尚气息。由于木棉等藻类很难在背阴环境中繁殖，因此水质较洁净，适宜设置水池、水盆等景观。苍翠的杂木、野草配以叮咚的滴水声，能让疲惫的身心得到充分放松。

19

●光线较充足的背阴门口。除去一些喜阳的植物外，大多花草均适于在背阴处生长，于是可做成多种花草的混栽园艺。将花盆垫在枕木或台架上可提升高度，同时加强空间层次感。可爱的青蛙饰物和欢迎牌更添诙谐气息。

有效利用狭小空间

　　在建筑物密布的住宅区里，似乎哪里都不适宜栽种植物。然而只要肯花心思，就连鲜有植被的北向窄地也可变成花团锦簇的过廊。因此，我们应仔细观察房屋周围常年的日照情况，并有针对性地选择植物，同时还要事先了解各种植物的特性。为能充分利用现有空间，还可尝试引入各种立体结构框架。

●于背靠林木的低日照空间修建小花坛。地面种满耐阴性较强的勿忘我草，设置棚架及工艺铁柱可使花草获得更多日照，也益于蔓生蔷薇攀附生长。虽然此处的背阴空间有限，却被打造成一个优雅的西式花园。

●将乏味无趣的西向通道变成花园。各种棚架及工艺铁柱构成的立体空间能高效利用午后数小时的日照，益于铁线莲等蔓生植物攀附生长，同时还可种植一些耐阴性强的蔓长春花及风铃草等。

北向露台及庭院休闲角

　　虽然北向露台不适合进行园艺设计，但如果周围没有建筑物，这里的光线却格外好。通过设置花盆基座及吊篮，便能栽种多种花草。植物最喜柔和光线，因此这里也成为夏季摆放植物的最佳场所。

　　我们应尽量控制背阴庭院中的植物数量，以形成开放式空间，还可通过放置一些可爱桌椅及给周围安上栅栏，使之成为一个惬意的休闲角。

●将低日照角落变成室外休闲区。具有遮蔽效果的格框板能使藤蔓类植物接受更多日照。放置几个小巧的桌椅，可供人们在此饮茶、聊天，不失为一处休闲佳所。

●南向露台的日照及阳光反射较强,不适宜种植山野草,而北向及低日照露台则完全不必担心。此处的棚架不仅能改善通风条件,还可摆放多种山野草盆栽。尤其是那些从二手工具店淘来的器皿、小物等,更充分体现出庭院主人的品味。

适于低日照庭院栽种的
花卉与绿叶植物

虽然多数花草都喜欢日照充足的环境，但也并非所有花卉终年整日都需要日照。很多于早春至春季开放的花卉在早春时喜阳，而在夏季时喜阴。

而且，很多喜阳花卉在有光线的背阴处也可开花。

当日照条件较差时，绿叶植物就成了首选。

↑ 圣诞玫瑰【毛茛科】

常绿型多年生草本植物。适于种在混有赤玉土（即粘土质火山灰土）及硬质鹿沼土（即火山喷出的轻石的风化物）的土壤中，或者充分培土并保证土壤的透水性。该植物花色、花形多样，栽种时切勿分成小株，应使其长成大株。花期：2~4 月

↑ 荷包牡丹【罂粟科】

夏绿型多年生草本植物。适于种在富含腐叶土的土壤中，然后培土并保证土壤的透水性，发芽后需充分施加高氮肥。由于夏季浅地表植株多有枯萎，可种植浅根类草坪植物或一年生草类。花期：4~5 月

↑ 匍匐筋骨草 Rosea
【唇形科】

常绿型多年生草本植物。花期结束后，长出的纤匐枝会覆盖地表。该植株的环境适应性较强，可于任何土质中生长，仅需隔几年于夏末时进行一次分株即可，此时切勿密植。普通植株花朵为蓝色，Rosea 品种的花朵为粉色。花期：4~5 月

↓ 金钱草 Ciliata Fire Cracker
【报春花科】

夏绿型多年生草本植物。如果湿度适宜，可于任何土质中生长，环境适应性较强。由于株高较高，可栽种在花坛的中后方。Fire Cracker 的叶色为紫色。花期：6~7 月

→ 老鼠簕 Mollis
【爵床科】

虽为常绿型多年生草本植物，在冬季寒地的地表部植株常会枯萎。栽种时可混合一定比例的赤玉土及硬质鹿沼土，然后培土并保证土壤的透水性。由于该植株较大，不适于频繁移栽，需在种植前选好场所。花期：5~6 月

适于种在背阴处的洋风花卉

24

↓ 马蹄莲【天南星科】

常绿型热带植物。适于种在湿润土壤或黑土等保肥型土壤中。具有一定的耐阴性，但最好种在光线充足之处。图中的品种喜欢湿润土壤，其他品种多喜透水性好的向阳环境。
花期：4~6 月

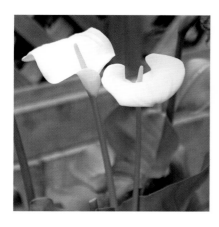

↑ 蝴蝶草
【兰花科】

春种型一年生草本植物。适于种在沙土之外的任何土壤中，其耐旱性较差，种植时需多加注意。因其扎根深且根冠较小，最适合种在夏季休眠型植物的后方。花期：6~10 月

↑ 紫山慈菇【百合科】

冬绿型球根植物。耐寒性较强，适于在任何土壤中生长。固定种植要比移栽更利于植株生长。因其为喜阳植物，最好使其每日能接受 2~3 小时的日光直射。
花期：4~5 月

→ 百合（东方杂交品种）【百合科】

夏绿型球根植物。适于种在富含腐叶土的土壤中，然后培土并保证土壤的透水性。因植株易倒伏，最好用支柱固定。如想每年开花，勿让植株结果实，并在开花后及秋季施加高磷肥。花期：7~8 月

← 老鹳草
【牻牛儿苗科】

夏绿型多年生草本植物。适于种在混有赤玉土及硬质鹿沼土的透水性好的土壤中。因其不适于在暗处生长，应尽量选择光线充足之处种植。需隔几年进行一次分株，其小型种适于种在向阳地。花期：5~6 月

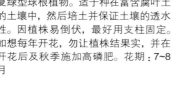

↑ 短柄岩白菜
【虎耳草科】

常绿型多年生草本植物。可在向阳处及背阴处生长，不过最适合的场所是有光线的背阴处。适于种在混有赤玉土、腐叶土的透水性好的土壤中。一旦根茎长势过猛破坏外形时，需切除部分根茎进行扦插，其无叶部分也可发芽。花期：2~4 月

↑ 半钟蔓（Clematis Japonica）【毛茛科】

长于日本的铁线莲属植物。每到初夏至夏季，枝头就会盛开 3cm 大小的紫红色钟形小花，其雅致花形最适于装点日式庭院。4 片紫红"花瓣"实为花萼，其内部生有白色花瓣。花期：6~8 月

← 落新妇【虎耳草科】

夏绿型多年生草本植物。该植株的环境适应性较强，可于任何土质中生长，不过最好选择混有腐叶土的湿润土壤。因其耐旱性较差，盆栽种植时需格外注意。其叶片纤细可爱，在无花时也极具观赏性。隔几年进行一次分株即可。花期：5~7 月

↑ 绣球花【虎耳草科】

落叶型灌木植物。该植株的环境适应性较强，除了极端干燥的环境，可于任何土质中生长。间苗时从茎节处剪掉多余长枝，切勿剪掉枝端，否则会打落花芽。山粗齿绣球要比绣球花更适宜种在狭窄空间或低日照的背阴处。花期6~7月

↓ 蝴蝶花【菖蒲科】

常绿型多年生草本植物。适于种在混有黑土、腐叶土的湿润土壤中。由于植株的地下茎四处伸展，可对多余部分进行间苗。自日本江户时代（1603—1867）起开始种植的"条纹蝴蝶花"的叶片上长有白色条纹，适于在无花时节观赏。花期：4~5月

↑ 兰香草【马鞭草科】

原产于中国、台湾及日本南九州地区的多年生草本植物。株高约70~80cm，因其花茎上阶梯式生有蓝紫色小花，又名"段菊"，也有白花及粉花的品种，其叶片带香气。花期：7~9月

↓ 台湾杜鹃【杜鹃花科】

夏绿型多年生草本植物。适于种在混有腐叶土的湿润土壤中。由于植株的地下茎四处伸展，使得出芽枝条显得较密集，所以应适度间苗。目前种植的多为杜鹃花的杂交品种。隔几年进行一次插枝更新即可。花期：9~10月

← 耧斗菜

【毛茛科】

夏绿型多年生草本植物。适于种在多土处、点景石间隔区等透水性好的地方或是混有硬质鹿沼土及轻石的透水性好的土壤中。因植株寿命较短，需隔几年重新播种以更新植株。花期：4~5月

↓ 紫斑风铃草【桔梗科】

长于山野间的多年生草本植物。开花时，白色或浅红色的大朵钟形花冠会朝下，株高约40~50cm。近年，蓝紫色的大朵园艺品种也很常见，成了装点半背阴庭院的常用花卉。花期：6~7月

↑ 海葵 Hybrida（秋明菊）

【毛茛科】

夏绿型多年生草本植物。适于种在混有黑土、腐叶土的湿润土壤中。由于植株的地下茎四处伸展发芽，应选用大型花盆或花坛栽种。人们口中的"秋明菊"多指此花。花期：9~10月

↑ 琉璃虎尾草

（Veronia Spicata）【北玄参科】

原产于欧洲、亚洲北部的多年生草本植物。株高约20~60cm，挺拔伸展的茎端长有明艳的蓝色花穗，也有粉色及白色品种。适于种在透水性好的场所，如果周围环境透水性不佳就会感染立枯病。花期：6~8 月

↓ 六月菊【菊科】

遍布于日本本州箱根以南至四国、九州地区的野生菊类植物。株高约 15~30cm，分枝茎端处长有直径 3~4cm 的花朵。此外，还有株高 70cm 左右的高株品种，又名"高山鸡儿肠"。花期：5~6 月

↑ 秋明菊【毛茛科】

在日本，被称为"秋明菊"的花卉很多，一般将广泛生长于京都贵船山一带且秋季开放、花朵成紫红色的品种称为"贵船菊"。据说，此品种最早由中国传入日本。花期：9~11 月

↑ 华中虎耳草【虎耳草科】

具耐寒性的多年生草本植物。原始品种为白花，近来粉花及红花品种也很常见。5 片花瓣中的下方两片花瓣略长，整体呈"大"字形，因此又名"大字草"。花期：8~10 月

↓ 秋海棠【秋海棠科】

夏绿型多年生草本植物。适于种在混有黑土、腐叶土的湿润土壤中，耐旱性较差。当地上部植株即将枯萎时，需及时摘取叶柄处的珠芽，然后像播种牵牛花花种一样进行种植。花期：8~9 月

← 珊瑚钟

【虎耳草科】

原产于北美的常绿型多年生草本植物。初夏时会长出细长花茎，并开出红色花朵。近年，很多叶色漂亮的矾根类植物不断进入市场，但此品种为古有品种。花期：5~7 月

↑ 紫萼【百合科】

常绿型多年生草本植物。适于种在富含腐叶土的土壤中，然后培土并保证土壤的透水性。植株结实，但耐旱性较差。因其品种丰富、叶形多样，需在购买前仔细调查。栽种时尽量不要分株，大棵植株更加美观。花期：5~10 月

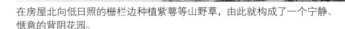

在房屋北向低日照的栅栏边种植紫萼等山野草，由此就构成了一个宁静、惬意的背阴花园。

适于背阴庭院种植的绿叶植物

↑ 锦紫苏【唇形科】

虽为常绿型热带植物，但多作为一年生草本植物种植，用普通的花坛土即可。当红叶品种处于背阴环境或氮肥过多时，叶色会受影响，而黄色及石灰色品种的叶色则不受背阴环境影响。观赏期：全年

↑ 矾根【虎耳草科】

最近较常见的彩叶植物，尤其是长有红、黄色条纹的品种更为漂亮。在日本关东以北地区，该植株可露天种植，一旦种下就能长期观赏。因其不适应夏季的干热气候，所以在夏季应避免种在有夕照的地方。花期：5~6 月

← 蜡菊 Petiolare Limelight【菊科】

常绿型多年生草本植物。不适于生长在极寒环境中，适于种在混有赤玉土及硬质鹿沼土的土壤中，或者充分培土并保证土壤的透水性。图上品种生长较缓慢。观赏期：全年

← 蕺菜【三白草科】

夏绿型多年生草本植物。适于种在混有腐叶土的湿润土壤中，对恶劣环境的抗性极强。因其地下茎长势迅猛，可在地下埋入隔板以防其过度蔓延。目前，多层叶及多条纹的园艺品种也常见于市场。花期：5~7月

↓ 银边翠【大戟科】

春种型一年生草本植物。因其在较高温度下才能发芽，所以需进入5月后方可播种。用普通花坛土即可种植，同时应充分进行苗间施肥及浇水。由于该植株较喜阳，应尽量种在有日照之处。花期：7~9月

↑ 蕨类

蕨类植物的耐阴性较强，有凤尾蕨、鳞毛蕨、松坂蕨等多个品种。其植株结实，可自然生长于背阴庭院中。一旦长势过猛，仅需将其挖出进行间苗即可。

← 泡沫花【虎耳草科】

生有红叶般美丽叶片的彩叶植物。虽与矾根近缘，但其叶齿较深，很受欢迎。盛开于挺拔茎端的白色、粉色小花也非常漂亮。适于种植在潮湿的半背阴环境。花期：5~6月

矾根、紫萼及蒿草等草坪植物的叶色都非常漂亮，仅用这些绿叶植物就可将庭院装扮得五彩缤纷。

↑ 玉竹 Variegatum【百合科】

夏绿型多年生草本植物。其条纹叶片非常漂亮，适于种在混有腐叶土的湿润土壤中。虽然植株较结实，也需隔几年进行一次分株。将无芽根茎种于土中即可发芽，一旦发芽应及时施加高氮肥。花期：4~5月

凉爽绿荫营造清新氛围
使用杂木的园艺

别致的杂木庭院让人仿佛置身于近山或杂木林之中。
清风吹拂树梢，枝头的鸟鸣让人备感惬意。
自然栽种是打造杂木庭院的基调，不过对于小型庭院而言另有几点需注意。

●在日本山枫、紫杉等中高杂木间搭配几株矮树，再在树下种上林荫银莲花、圣诞玫瑰等花草，由此打造出颇具和韵的日式庭院。杂木庭院并不意味着要在所有空间都种上树，可用石块、栅栏营造出闲适氛围。这种开放式空间充分体现出张弛有度的设计感，尽现庭院之美。

所谓"杂木"就是广泛分布于山野的枹栎、大柄冬青、山荔枝、具柄冬青等树木的总称。杂木多为落叶树，随季节的变换演绎出的发芽、新绿、红叶等景致能赋予庭院更多美感。夏季的杂木枝繁叶茂，为庭院送来阵阵清凉；冬季的杂木枝叶萧条，使庭院接受更多日照。

　　杂木庭院无须像日式庭院那样精雕细琢，可随意栽种不同树种，不过打造小型庭院时需注意整体外观的均衡。一般可根据现有空间选择 1~2 株中高杂木，然后搭配几株棣棠、萨摩山梅花等矮树，如能再在树下种上一些花草，则会更显自然。尤其是大小适中的多树干分枝型杂木较适合庭院种植。

　　除了选择树形及叶色俱佳的杂木外，还可引入一些能开花、结果的品种，如此一来庭院会更加丰富多彩、趣味盎然。

左图●在大门旁或庭院入口处栽种自家的"标志树"。仅一株挺拔小树就能让房屋及庭院变得生动起来，明艳的碧桃预示着阳春将近，让路人一见也不禁为之欣喜万分。

右图●栽于门前的枫树高及房檐，令居所别具风格。自二楼窗口触目可及的绿叶随风摇曳，在夏季送来阵阵凉意。

●由厚砖墙与白色窗框营造出的西式住宅风格，显得
既典雅又时尚。仿古红砖的花床及外墙与房屋风格浑
然融为一体，窗边的花楸树及山矾如此枝繁叶茂，从
室内一眼望去顿觉神清气爽，而树下的垂枝植物也显
得趣味盎然。

在狭小空间栽种杂木

　　某些貌似适于栽种花草的狭小空间及花床也可种植杂木，尤其是具一定高度的中高型杂木不仅能拓展视觉
空间感，还能通过在树下栽种花草而实现空间的高效利用。

　　栽种杂木的基本原则就是保持其自然树形，不过多数杂木都会随着生长过程而变得愈加茂盛，因此需隔几
年进行一次剪枝以修整树形、提高植株的饱满度。对于冬季落叶的落叶树，应在深秋至冬季的无叶期进行剪枝。

●种于有限空间的小婆罗树和山荔枝让亮色系外墙的住宅更显雅致。此处的杂木外形修长，呈拱形伸展的枝条在过道上方形成一片天然绿荫，让路过之人备感清爽。

●亮米色的外墙与地砖营造出简约、时尚的住宅风格。修建于狭窄空间的花床里种有树形柔美的落叶树，如此便巧妙弱化了房屋线条的僵硬感，张显自然神韵。

●用竹墙营造距离感的日式庭院。真可谓"天然去雕饰"，尤其是种于院内的杂木及绿叶植物更显自然之美。俊秀挺拔的西南卫矛与树下的虎耳草、贺茂葵等植物相映成趣。

充分享受背阴处的杂木庭院

多数落叶树的叶色较亮，适于提升背阴庭院的光线感。尤其是山毛榉、假山茶、大叶钓樟等适于低日照环境的杂木最适合搭配耐阴性强的蕨类植物及大吴风草、富贵草等，而条纹型植物则能进一步提升亮度。

对于无日照的背阴处，选择树参、具柄冬青及八角金盘等常绿树种最适合不过。

●沿竹墙分布的点景石及草木使树丛线条更显自然，枫树与忍冬、淫羊藿、秋明菊等山野草搭配得恰到好处。生有红、黄叶片的树种不失为秋季的一道亮丽风景，那随季节流转而逐渐拉长的树影也能带来丝丝暖意。

●铺面地砖与金属栏杆构成的房屋外观颇具现代感，而各色杂木营造的绿意又如此柔和。种植于低日照角落里的杂木毫无刻意之感，令出入者备感舒缓。

●紧邻园路的狭小空间里种有条纹型六道木，其特有的白边绿叶在叶隙光的照射下更显闪亮、动人。巧用条纹型矮树，能在低日照场所营造出花草般的动人效果。

适于庭院栽种的树种

树木能为我们送来荫凉，其种类及特性也是多种多样。

树形大小适中且树冠横向伸展有限的树种较适宜栽种在小型庭院中。

那些秋季落叶的落叶树则会让冬季庭院更具光线感。

↑ 白鹃梅【蔷薇科】
原产于中国，自古以来就被广泛用作庭院树及茶室用花，绽放于枝头的 5 瓣白花形似梅花。该植株喜日照，适于种在透水性好的肥沃土壤中。由于长期栽种枝条会横向伸展，应于冬季进行剪枝。花期：5~6 月

观赏用花木

↑ 三叶杜鹃【杜鹃花科】
因其长于枝头的 3 枚叶片而得名。需在花期过后立即剪枝，剪枝时应从枝节根部剪去那些杂乱且横向疯长的枝条。为控制株高可保留一些侧枝，并在树干的较低位置进行更新剪枝。花期：3~4 月

↑ 萨摩山梅花【绣球花科】
成簇的纯白 4 瓣花微垂于枝头，且花香怡人。大朵的西洋萨摩山梅花也很受欢迎。在夏季干燥期，应用腐叶土等覆盖植株底部，需在花期过后尽快剪枝。花期：5~6 月

↑ 金合欢【豆科】
别名刺槐，将银蓝色叶片的银叶刺槐和穗刺槐统称为"金合欢"。因其耐寒性较差，在寒地应用花盆种植。该植株扎根较浅，应选择弱风处栽种。可在花期过后、新枝长出之前对开花枝条进行剪枝。花期：2~4 月

↑ 梅花【蔷薇科】
堪称春花的"先行者"，其香气高雅，广受人们喜爱。因枝条长势较快，需在花期过后立即进行剪枝，操作时需保留开花枝条上 3 个左右的芽体。对于果实型树株，可在收获后剪去疯长的枝条及过长枝条，以增强光照。花期：12~3 月

↑ 垂木兰【木兰科】
特有的细长花瓣十分美丽，为日本辛夷的近缘。常于早春时节盛放，花朵有香气。每朵花一般生有 12~18 片花瓣，其花色遍及白至浅红的各个色系。除重瓣的红花垂木兰外，还有多个园艺品种。花期：3~4 月

↑ 海棠【蔷薇科】
当八重樱花开放之时，红色的单瓣及重瓣海棠花会随着伸展的嫩叶一起绽放。因其为苹果的近缘，也有果实型品种。背阴环境会对植株生长及开花造成影响，所以应种在向阳处。此外，在落叶期进行剪枝时，需从枝根部剪去长枝，同时保留若干芽体。花期：4~5 月

↑ 百日红【千屈菜科】

原产于中国南方。从酷夏至初秋时节,红、白、粉各色花朵竞相绽放。因其树皮易剥落且光滑无比,日文又名"猿滑树"。由于该植物在背阴处不易开花,应种在有日照的地方。充分剪枝能催生强健枝条。花期:6~10月

↑ 山月桂【杜鹃花科】

原产于北美东部,又名"美国杜鹃花"。其形如金平糖的花苞十分有趣。该植株品种丰富,有镶边花瓣及瓣内生有斑点等多个品种。开花后应及时摘除残花。花期:5月

↑ 夹竹桃【夹竹桃科】

有单瓣及重瓣品种,常于盛夏开放。因其适于温暖环境,在冬季应避免种在有寒风的地方。及时剪去杂乱枝条能提升光照度及通风性。此外,需注意该树分泌的白色汁液易引起皮肤红肿。花期:7~9月

← 棣棠【蔷薇科】

既有5片花瓣的单瓣品种,也有雄蕊退化成花瓣的重瓣品种。因其不适于强日照的干燥环境,应于半背阴处种植。冬季剪枝时,应从枝节根部剪去疯长枝条及枯枝,使其保持自然树形。花期:4~6月

↑ 鸡麻【蔷薇科】

其白色花朵常被误认为棣棠,棣棠为5瓣花,而鸡麻则为4瓣花且生有对生叶。果实呈黑色,常于秋季成熟。该植株的耐阴性较强,不过日照不足会影响其开花。在花期过后,需及时修剪植株底部的枝条。花期:4~5月

→ 假山茶【山茶科】

其白色5瓣花常于夏季开放。开花时间仅有一日,常于早晨开放而于傍晚凋落。因其树形自然、秀美而常被用作标志树。剪枝时仅需剪去多余枝条即可,因其不适于干燥环境,可用堆肥等方法进行覆盖栽培。花期:6~7月

→ 山茶【山茶科】

是日本最受欢迎的代表性花木。因其极易发芽,可通过修剪做成矮篱笆墙。剪枝需在花期过后进行。由于该植株在4~8月间易引发茶毛虫,需在生虫初期尽早灭虫。花期:10~4月

↑ 瑞香【瑞香科】

盛开于早春时节的香气型花木，其花香浓郁。裂成 4 片的厚质花萼形似花瓣。因其树形较规整，仅需在花期过后适当剪枝即可。该植株须根较少，较难移植。花期：3~4 月

→ 含笑花【木兰科】

原产于中国南方。春季时，浅黄色花朵会依次从叶柄根部绽放，香气似香蕉。可在 2 月上旬进行剪枝，从枝节根部剪掉无花芽的乱枝即可，即便不剪枝其树形也较为规整。因其适于温暖环境，寒地种植时需用盆栽。花期：4~6 月

↑ 栀子【茜草科】

盛开于初夏的纯白花朵，甘香四溢。因其果实成熟时花瓣也不张开，日文又名"闭口花"。重瓣的大朵栀子（Gardenia）也很受欢迎。因其树形规整，基本无须剪枝。花期：6~7 月

↓ 椴叶枫

【枫树科】

最常见的是条纹型品种"火烈鸟"（如图），其新芽为粉色，成叶镶有白边。因其耐热性较差，适于种植在日照充足的环境中，且选用透水性好的肥沃土壤。由于温暖气候易引发天牛幼虫，应及时采取防虫措施。

↑ 金木犀【木犀科】

其缥缈花香仿佛在告诉人们季已深秋。还有开白花的银木犀及开浅黄花的薄黄木犀。需每隔 2~3 个月或花期过后立即进行剪枝，操作时需保留 2~3 节开花枝条。花期：9~10 月

↓ 大叶钓樟（山橿）【樟科】

猴楸树的树皮发白，而大叶钓樟的树皮呈褐色。二者均在长新叶时开出黄色小花。其枝叶有香气，常被用作牙签的材料。秋季时叶子变黄，多有鸟类栖息。该植株较结实，易于栽种。花期：3~4 月

↓ 椴树【木犀科】

该树因常被用作棒球球棒的材料而颇负盛名。其伸展的柔软枝条极具野趣，即使种在半背阴处也毫不影响其长势。盛开于春季的白色穗状花朵在秋季时会泛黄，又名"小叶椴"。花期：4~5 月

← 东北红豆杉【红豆杉科】

为紫杉的变异品种，沿枝条螺旋生长的叶片极有特点。因其株高较矮且能长于温暖环境，常被用作庭院树。该植株于秋季会结出红色果实。日照不足时会使其金黄叶色受影响，因此应种在日照充足之处。可于初夏或秋季时进行全面修枝。

↑ 白棠子树（紫珠）【马鞭草科】

最具野趣的杂木树种。盛开于初夏的浅紫色小花及缀满枝头的紫色小果非常可爱。虽能长于半背阴处，如日照充足则结实率会更高。如果冬季剪枝过度，会影响其开花，所以仅需适当间疏以修整树形。

↑ 小叶荚蒾【忍冬科】

无论是春季盛开的白色小花还是秋季的红色果实及红叶都极具观赏性。如种在枫树或枹栎下，则更添风韵。因其不耐高温，最好种在半背阴处。花期：3~4月

↑ 珊瑚木【忍冬科】

枝叶四季常青的常绿型阔叶树，也有条纹叶片的品种。成熟于冬、春两季的红色果实十分美丽，因其可长于背阴处，所以在欧美很受欢迎。该植株为雌雄异体，同时种植雄树与雌树可提高结实率。由于该植株不适于干燥环境，应种在背阴或半背阴处。

↑ 卫矛【卫矛科】

枝条上生有木栓质翅状物，且秋季的红叶最为漂亮。其熟透的红色果实是各种鸟类的最爱。与其外形极其相似的小西南卫矛的枝条不生有翅状物。因其适于修剪，可将其做成矮篱笆墙。在12~2月间进行适度剪枝，使其保持自然树形即可。

↓ 白乳木（白木乌桕）【大戟科】

树如其名，该植株树皮呈白色，且质地也为白色。尤其在秋季，白色树干与深红叶片搭配得恰到好处。将其种在其他杂木或建筑物旁边，能进一步衬托出白色树皮的雅致。花期：5~6月

↑ 槭树【槭树科】

秋季的红叶自不必说，就连春季的嫩芽也十分漂亮。一般将深叶齿品种称为"枫树"，而将浅叶齿品种称为"槭树"，其实二者并无严格区分。应在落叶后至12月期间进行剪枝，如在年初剪枝，切口流出的树液会影响植株生长。

← 牛筋树
【樟科】

该树种的罕见特征就是直到新芽长出后去年的红叶才会掉落。其日文名含义为"生于山野的芳香之树"，揉碎其叶片或断枝均能产生香气。如任其自然生长，高度可达5m，分蘖时可从地表砍断原有主干以更新植株。

← 老叶树
【蔷薇科】

因其材质结实，常用于制作镰刀柄，日文又名"镰柄树"。春季盛开的白色小花形如半个线球，十分可爱，秋季的红色果实及红叶也非常漂亮。冬季时，可从地表砍去1~2根老旧粗干来更新植株。花期：4~5月

充分利用狭小空间
适于狭小空间的园艺

对于住在市中心及近郊的人们而言，宽敞的用地是望尘莫及的。
然而在狭小空间内也能设计出好的庭院作品。
巧妙利用栽种空间，便能打造出独具风格的庭院。
让我们动手设计出紧凑又美丽的小庭院吧！

　　如果家中的庭院宽敞，就能随意进行设计，既可修建绿叶植物花坛、玫瑰花坛，又可另辟角落以种植蔬菜、香草等，还可尽情栽种各种庭院树及花草。

　　可是对于狭小空间而言，以上种种设计却可望而不可及。不过，只要能充分有效把握各种素材，照样能打造出漂亮的庭院。例如，日照充足之处可种玫瑰也可种蔬菜、香草等；日照不足的场所，就可选用一些适于半背阴环境的植物以打造闲适的背阴花园。虽然狭小空间不适宜种植大型树，但很多植物都能在适应空间的同时保持紧凑外观。

　　就连那些完全无法栽种植物的无土场所，也可用盆栽打造成惬意的休闲区。

●在极具质感的仿古红砖围成的小角落里，可爱的杂色菊竞相绽放。由于杂色菊适于生长在透水性好、日照充足的环境中，应将其种在易干燥的场所。如此狭小空间也能被打造成色彩缤纷的小庭院。

●在紧邻建筑物的极有限空间里种着雏菊、三色紫罗兰、报春花、香荠等春季花草。随意搭配的各色花草仿佛彩色糖果般让人欣喜不已。

●后棚架处的近景花盆中种有针叶树，并有蔓常春花蜿蜒盘绕。亮黄色的酢浆草与红、黄郁金香分布其间，近处的三色紫罗兰娇艳欲滴，更显春意盎然。

●红砖小路围成的区域里种有针叶树、雪片莲、石竹及野芝麻等，形成了一座趣味盎然的小庭院。怒放的无心菜从倒放的花盆中倾泻而出，将细节化园艺演绎得恰到好处。同时，置于红砖花台上的多口花盆能让植物获得更多日照。

在狭小空间栽种花卉

●用仿古红砖在窗下垒成花床，其间种有带草、香蜂草等高株型多年生草。适当增加花床中的土壤量不仅利于获得日照，还利于多种植物生长。

不放过任何狭小空间来进行园艺设计是十分有趣的，例如沿建筑物垒起红砖就构成一个以外墙为背景的植被角。因其所占空间不大，完全可以自己动手修建。

另外，加入腐叶土等能改善狭小空间的土质，让花草长得更茁壮。只要能巧妙把握不同植物的生长期、花色及株高等特点，狭小空间也能变成一个精巧、可爱的园艺角。

●住宅的北向及东向空间常用于安装浴室给水设施。如在此处种上艳丽的西洋杜鹃，并在树下密植皋月杜鹃就能巧妙淡化裸露机器的突兀感。虽然此处空间有限，却通过植物营造出惬意之感。

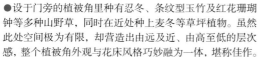

●设于门旁的植被角里种有忍冬、条纹型玉竹及红花珊瑚钟等多种山野草，同时在近处种上麦冬等草坪植物。虽然此处空间极为有限，却营造出由远及近、由高至低的层次感，整个植被角外观与花床风格巧妙融为一体，堪称佳作。

●红砖小花床与杰拉石门柱、
地面及木墙的风格极为相称。
整体外观设计时尚，所用建
材又颇具自然气息。通过分
枝型杂木提升高度的同时，
在树下点缀上橘色、白色小
花。如能根据季节选择栽种
不同花草，此处便是一个令
人终年流连忘返之所。

●用红砖在草坪庭院一角围成的简易花坛，如此简单就规划出一块种植区。草坪覆盖整个开放空间，区域内远处棚架上长满玫瑰及各种植物，显得瑰丽多彩；中间种有落新妇、翠雀花等高株型花草；近处种有老鹳草，由此便营造出高低错落之感。

●设置于住宅分界处的园艺作品。给石制矮花坛里安上栅栏及工艺铁柱，如此便可种植漂亮的蔓生蔷薇及大朵英伦玫瑰。由于住宅间无界墙，自家玫瑰在邻家庭院树的衬托下显得格外艳丽。

美化小花坛

有些爱花之人在所有可利用的空间内都种满了花苗，以致有限空间变得杂乱无章，甚至没有落脚处，这就有违于打造美丽庭院的初衷。如此纷杂的花草不仅妨碍人们行走，也影响了庭院的基本功能。

对于小型庭院而言，严格规划就显得尤为重要。我们应事先划分出种植区并设定边界，之后开展种植工作时一定要严守界限。

●建筑物与道路之间的空间极为有限，如果修建围墙就会在内侧形成背阴而不适于花草生长。因此，此处的庭院未设围墙，而设计成一个能接受更多日照的开放型花坛。虽然此处庭院面积有限，但从窗口便可望见艳丽的蔓生蔷薇，就连路人也能尽赏各季花卉之美。每逢初夏，蔷薇、洋地黄、绒布草以及脚边的三色堇、山梗菜等花卉都如此绚丽多姿。

●在树下手工搭建的花坛，仅用砖石垒成半圆形而不用灰浆固定，如此便将花坛与周围环境区分开来。花坛内的蔷薇盆栽与花坛外的迷你蔷薇营造出不确定的边界感，显得独具匠心。

通过花盆及悬挂来营造高度

在狭小空间进行园艺设计的关键就是要立体化地利用空间，学会用花盆及吊篮来提升高度。如此一来，即使在无土环境或无法修建花坛的狭小区域内也能享受园艺的乐趣。将各种小盆栽排列在围墙上，还能感受到应季花卉之美。

如果厌倦了单个盆栽景观，可尝试搭配多个花盆或吊篮，如此不仅能扩展园艺设计思路还能有效利用现有空间。操作时需充分注意花盆的样式、质感与建筑物及周围环境的协调性。

●门旁是提升住宅品味的重要场所。放于仿古红砖门旁的三色紫罗兰、水仙、三色堇、报春花等春花的混栽盆栽显得华丽多姿，不同高度的花盆让外观更显意趣盎然。

●用各色花草将立架式信箱周围美化一新。花台上的花盆里开满矮牵牛花和马鞭草，让人眼前一亮。挂于后墙上的吊篮巧妙提升了高度，同时在信箱下方的有限空间里种有凤仙花，各处花色均以白、紫、粉为主打色调。

●围墙上也是花艺装饰的重要场所。尽管墙上的花盆样式各有不同，但这些素陶盆的风格与砖墙极其相称。苗壮的香芹从兔形素陶盆中喷薄而出，与旁边的小兔饰物相映成趣。

●在门前台阶处堆些砖块、石块，再立起一根方柱来悬挂吊篮。紫红、黄、粉、白等各色花卉绚丽夺目。不仅夹角处石块上的小盆栽毫无刻意之感，就连蜿蜒于眼前的常春藤和三色紫罗兰也显得浑然天成，整体设计非常耐人玩味。

●甬路树丛中种有多株小型针叶树。并排立着的圆锥形、圆柱形及球形小树是如此有趣，就连脚边的微型针叶树及绿叶植物也那么可爱。不同树形及多彩叶片交汇成一幅独具特色的景致。

●位于信箱前的小花床。在针叶树前种上五彩芋及亮石灰绿的番薯以奠定基本色调，然后用粉色矮牵牛花增加色彩感，同时装饰一些花草盆栽，由此便打造出一个极具层次感的绿色空间。

●在住宅地与道路边界处的门前花坛内种上一棵针叶树，以作为"标志树"。条纹常春藤从树下蜿蜒而出，脚边的粉色系三色紫罗兰独具季节美感。为使针叶树长保漂亮的圆锥外观，需时常检查并修剪树形。

针叶树及绿叶植物的妙处

色彩丰富的针叶树及绿叶植物具有独特魅力。仅种花草的小型庭院会显得过于平面化，而针叶树能赋予空间骨架感，一些大型绿叶植物还能提升饱满度。它们既无须像种植花草那样精心，又无须频繁移栽，可谓是忙碌之人的首选园艺素材。

小型庭院最好选择生长期缓慢的针叶树，种植绿叶植物时则需通过分株来调整植株外观。

●在通往门口的甬路上放置一个饶有趣味的木椅，如此便构成了一个休憩之所。椅旁的银蓝色蓝云杉盆栽形似圣诞树，颇为醒目。虽然该树的最终树高较高，但生长缓慢，适于小庭院栽种。

●放于门前台阶的几个盆栽色彩搭配得恰到好处，同时在门廊处的木栅栏上装饰着吊篮和欢迎牌，所有花艺既漂亮又摆放得恰到好处。

美化甬路及通道

如能在外门至大门口的甬路及日常通道上稍花些心思，也能变成一块不错的园艺区。无须将此处装饰得太过华丽，只要能让到访者感受到轻松、愉悦的气氛即可。切忌在小路及台阶处放置太多花盆，否则会对客人造成困扰，像蔷薇这类带刺的植物也尽量不要栽种在路旁。

在此处进行园艺时，清洁度最为重要，所以需及时清除花坛及花盆中的残花和枯叶。

●途径飘窗的细沙石路从露台蜿蜒而出，沿途修建的花坛长满蔷薇及各种花草，颇具浪漫气息。沿墙搭建的白铁立柱栅栏便于蔷薇攀附生长，而脚边的剪秋罗及头花吉莉草等多年生花草也显得多姿多彩。

● 将木制界墙处的细长空间巧妙打造成一个绿意葱茏的花园。在红砖及沙石铺就的小路两侧种上植物并放置盆栽,以避免地面裸露。为高效利用现有空间,还在木栅栏上并排挂了几个吊篮。

● 沿防护墙修起的阶梯甬路。放于每节台阶上的三色堇盆栽,让经过之人备感愉悦,就连乏味无趣的墙壁也因吊挂的盆栽而变得秀色可餐。

●在高低枕木围成的花坛中打造出以草坪植物为中心的假山庭院。不同色调的绿色植物形态各异，显得饶有趣味，蜿蜒铺展于后墙的葡萄常春藤也别具情趣。尽管这里无法种植大型植物，却依然被装点得生机勃勃。

巧用草坪植物

　　所谓"草坪植物"是指为覆盖地表而种植的植物，它们不仅能美化地面，还能防止杂草丛生。狭小空间适于选择不妨碍人步行且不影响其他植株生长的矮株植物。百里香、筋骨草等开花型草坪植物更具观赏性，而麦冬等矮株植物尤其适于背阴环境。野芝麻、黄金钱草、五色苋菜等彩叶及条纹型植物还能提升周围环境的亮度。

●沿栅栏边小路的狭长树丛里种有多种草坪植物。紫红色的锦紫苏与亮色铺路石形成鲜明对比，开有美丽花朵的凤仙花也是首选的草坪植物。

●覆盖于踏脚石周围的深绿色麦冬与黄绿色黄金钱草相映成趣。在步行处上矮株植物，同时在远处种上紫萼、折鹤兰及新西兰麻等饱满型植物会赋予庭院更多变化。

●用草坪植物将红砖与枕木交角处的半背阴小空间美化一新。条纹型野芝麻的白色叶片在百里香、紫萼等绿叶植物的衬托下显得格外耀眼。

●在3列石砖铺就的蜿蜒小路的两侧种有百里香、玉龙草、蜡菊及紫萼等植物。右侧的条纹型紫萼与白壶饰品巧妙提升了背阴处的亮度。

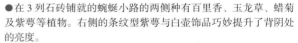

●在圆木板桩台阶处种上茼蒿、爬地圆柏等绿色植物，并在近处种上3种百里香（银斑百里香、匍匐百里香、庭院百里香）。同时，移走部分砖块以栽种植物。此处堪称狭小空间园艺的典范。

适于栽种在道路两侧的
草坪植物与香草

气味芳香的香草最适于栽种在道路两旁。
每当人们走过时,随脚步飘起的阵阵香气都让人心旷神怡。
尤其是矮株的匍匐植物最适宜用作草坪植物。
由于该类植株大都很结实,可用于任何场所。

↑ 香荠【十字花科】
秋种型一年生草本植物,因其耐寒性较差,常被用作一年生草。可用于给花坛镶边,也可与其他植物混栽。待春花开过后,需对一半植株进行更新并施肥,秋季时需再次播种。该植株花香甘甜。花期:2~6月、9~11月

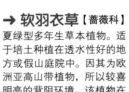
→ 软羽衣草【蔷薇科】
夏绿型多年生草本植物。适于培土种植在透水性好的地方或假山庭院中。因其为欧洲亚高山带植物,所以较喜明亮的背阴环境。该植物在夏季适于种在凉爽的土壤中,北方地区应于向阳处种植。花期:5~6月

↑ 头花蓼【蓼科】
虽为常绿型多年生草本植物,但不耐霜雪,冬季时地上部植株多枯萎。适于种在任何土壤中,但喜透水性好的环境。在向阳地及明亮背阴处均可生长。因其长势甚猛,可随时剪枝。花期:不定

← 神圣亚麻【菊科】
常绿型灌木。适于培土种植,盆栽时需用混有赤玉土及鹿沼土的透水性好的土壤。适于种在向阳处,如通风良好则更佳。可随时剪枝修整外观。因其具有毒性,切勿接触口唇。花期:5~6月

↑ 老鹳草 Shooting Star【牻牛儿苗科】
具耐寒性的多年生草本植物,是日本老鹳草及尼泊尔老鹳草的同种。因其横向匍匐生长,常用于给花坛镶边或用作草坪植物。该植物不耐闷热,一旦枝条过于庞杂应立即间疏剪枝以增强空气流动。开花期:6~8月

→ 洋苏草
【唇形科】
灌木型多年生草本植物。适于培土种植在透水性好的土壤中。喜日照,需时常保持植株干燥。由于该品种生性娇弱,日常护理需格外精心。花期:5~6月

↑ 金黄球菊【菊科】

秋种型一年生草本植物。虽具有一定的耐旱性，但若经常处于干燥环境也会导致下叶枯萎，需注意保水。适于种在混有赤玉土及鹿沼土的透水性好的土壤中。其中，生有蒿状叶片的品种为近缘的 Hispida 种。花期：3~5 月

↑ 喜林草【紫草科】

秋种型一年生草本植物。该植物喜阳，也具有一定的耐阴性。可种于任何土壤中，但植株生性娇弱不适于移栽，所以应事先选好种植场所。栽种时需控制施肥量，否则不利于开花。花期：3~5 月

↑ 宿根亚麻【亚麻科】

夏绿型宿根草本植物。该植物喜阳，也能在背阴处生长。适于种在混有赤玉土及鹿沼土的透水性好的土壤中。因其不适于移栽，切勿伤损根部。由于该植株寿命较短，可通过播种更新。花期：5~7 月

↑ 野芝麻【唇形科】

耐寒性多年生草本植物，其种类繁多，日本产的野芝麻及驯化植物小野芝麻均为此种近缘。尤其是叶片生有漂亮斑纹的品种被广泛栽培。因植株较小且匍匐枝生长茂盛，常被用作草坪植物及盆栽植物。开花期：5~6 月

← 利文斯通雏菊【番杏科】

半耐寒性一年生草本植物。匍匐枝上长满泛金属光泽的彩色花朵，显得极为耀眼。其花形与雏菊相似，接受日照时张开花瓣，傍晚会闭合花瓣。待晚霜过后，可将其栽种在日照充足、透水性好的场所。开花期：4~5 月

↑ 德国甘菊【菊科】

秋种型一年生草本植物。因其不适于高湿环境，故应保持栽种场所的干燥。适于种在混有赤玉土及鹿沼土的透水性好的土壤中。该植株较喜阳。被广泛栽种的罗马甘菊与该植物十分相似，但罗马甘菊隶属于其他属。花期：5~6月

→ 洋甘菊【菊科】

夏绿型多年生草本植物。适于培土种植在日照充足且透水性好的环境中。不适于高湿环境，应保持栽种场所的干燥。该植株寿命较短，可通过播种育苗，也可适度移栽。花期：5~6月

↑ 匍匐百里香【紫苏科】

常绿型灌木。适于种在日照好的假山庭院中。一旦环境适宜，其长势会非常惊人。当花期过后，可剪去一半枝条以更新植株。栽种其他百里香时，也可同样护理。花期：4~5月

↓ 锦紫苏【唇形科】

春种型一年生草本植物，也有多年生品种。该植物虽能开花，但彩色叶片更具观赏性，其叶形多样且色彩丰富。半背阴环境可使叶色更鲜明，因此是装点背阴庭院的首选彩叶植物。

↓ 百里香【唇形科】

常绿型小型矮木。因其叶片香气浓郁而常被用作香草，具有一定药用价值，还被用于制作香料、精油等。尤其是叶片生有斑纹的品种更具观赏性。因其高温高湿环境中极易枯萎，应在梅雨季后收获，并进行剪枝。开花期：5~7月

↑ 薰衣草【唇形科】

常绿型灌木。在庭院栽种时，需培土种植在日照充足且透水性好的环境中。盆栽时，应选用混有赤玉土及鹿沼土的透水性好的土壤。不同品种的香气浓郁程度及耐寒性各不相同，应根据地域有目的地选择适宜的品种。花期：4~5月

↑ 迷迭香【唇形科】

春种型一年生草本植物，也有多年生及常绿灌木品种。适于种在日照充足且透水性好的环境中。如果周围环境透水性不佳，可通过培土来改善透水性。通风良好会更利于植株生长。不同品种的枝叶外观不同，应根据场所来选择适宜的品种。花期：不定（温暖地区12~4月）

→ 香蜂草【唇形科】

耐寒性多年生草本植物。有多个品种，最常见的是日文名为"松明花"的 Monarda didyma（美国薄荷）品种。该植株虽能长于背阴处，但日照充足会更利于其开花。花期：6~10月

↓ 绵毛水苏【唇形科】

常绿型多年生草本植物。于寒冷地区种植时地上部易枯萎，但并无大碍。适于种在日照充足且透水性好的环境中，通风良好处更佳。因其散热性不好，应每隔几年进行一次分株，以防枝条过于庞杂。花期：7~9月

↑ 凤梨薄荷【唇形科】

夏绿型多年生草本植物。适于种在混有腐叶土及堆肥的透水性好的肥沃土壤中。该植株较喜阳，平时可多浇些水。因其易倒伏，在收获时应及时剪枝。由于该植物耐盐性较差，在近海区域种植时需防范台风等因素的影响。花期：7~8月

↑ 猫薄荷【唇形科】

夏绿型多年生草本植物。适于种在混有腐叶土的透水性好的土壤中。该植株适于向阳环境，也具一定的耐阴性，平时可多浇些水。其中，开紫花的 Nepeta mussini 及 Nepeta faassenii 品种很受欢迎。花期：6~7月

生机勃勃的蔬菜与枝繁叶茂的果树让人眼前一亮!

收获幸福的菜园

在种有蔬菜、香草及果树的漂亮菜园中，不仅能赏花观叶还能享受到收获的乐趣，真可谓一举多得。只要稍加点缀，就能使菜园别具风格。

首先，我们可在院边的空地上尝试用花盆种植。

●门旁的赤陶盆中种有紫中泛白的小芜菁——"菖蒲雪"，看着它日渐茁壮，真让人欣喜不已。

最近，很多人都喜欢在自家庭院内开辟出一块菜园用来种植蔬菜、香草等植物。这类菜园不同于菜地，是在生活区附近种植一些数量有限且品种丰富的植物。尤其是外观较小、便于打理且枝蔓伸展有限的植株最适于此类菜园。另外，还可选择一些个性化植物来美化周围环境。我们可用砖石或枕木围出一块种植区，如能将其美化成船形或圆形则更佳。

种植彩椒、迷你番茄、绿皮西葫芦、大黄、瑞士甜菜、落葵等彩叶蔬菜能让菜园更加丰富多彩。

家中无庭院时可用花盆种植，选用大型深底盆会更利于植株扎根。通过将多种蔬菜及香草混栽在一起，就能在一只花盆里打造出绿意葱茏的小菜园。

●菜园里除了种植蔬菜，还可栽种苹果等果树。名为 Ballerina Type 的品种枝条伸展有限，最适于在狭窄空间种植。其花朵、果实都十分可爱，很适合观赏用。

●生有红色果实的房醋栗（又称"红醋栗"）非常漂亮。因其植株较小，可用花盆种植。很多莓类小型果树也可在菜园栽种。

●瑞士甜菜是彩叶蔬菜的代表。其绚丽叶色，让观赏用植物也比之逊色不少。收获时可先摘取外叶，定能使菜肴更加鲜亮、喜人。

●设置于露台一角的冬季菜园。此处集中放有生菜、莴苣、芝麻菜等盆栽，需注意防风。可根据需要随时收获。

●在树枝篱笆围成的菜园中央立起木柱，下方种有辣椒、旱金莲及茄子等。后方种有茴香、罗勒等植物。用天然素材做成的辅助工具，更显和谐自然。

栽种常用的香草

　　带独特香气、用以给菜肴调味的香草是菜园中的主角。无论是百里香、迷迭香还是罗勒等，只要种上一株就可以满足不时之需。紫苏、冬葱等也是常用的和风香草。

　　香草种类丰富且易于栽培，是初次尝试蔬菜栽培者的首选。它既适于庭院种植，也可以用4～7号花盆来种植，其独特香气让整个培育过程都快乐无比。

●用板材在庭院一角围成长方形香草菜园，既利于提高日照和透水性，又做出了边界。在此种植罗勒、草莓及共生植物金盏花。收获罗勒时需从上至下逐节摘取，且在不开花时口感最佳。

●在正方形平石铺成的格状区域里种上各种香草，外观设计极为时尚。各种植物在白色木栅栏的衬托下显得更加翠绿、可爱。远处种有罗勒，中间种有野芝麻、荷兰芹，近处种有百里香、薄荷等矮株草坪植物。

●混栽有玫瑰天竺葵、百里香、鼠尾草、圆叶薄荷的木制花盆就是一个小型的香草菜园。这些香草不仅能给沙拉、汤品调味，还能点缀甜品。

●在种有辣椒的赤陶盆旁
搭配其他盆栽及小物。有
些人习惯随着辣椒变红
而依次收获，不过正确的
做法是辣椒上色后，砍断
一半植株并摘除叶片，将
其放于背阴处干燥。剩下
的植株依然能长出侧枝，
再度开花结果。

●放于门旁露台上的迷你
番茄、罗勒及细叶芹等香
草盆栽。将不同株高的植
物巧妙组合在一起，显得
独具匠心。可将番茄、黄
瓜等植株放于南向光线
充足之处，而在盛夏时将
细叶芹移至半背阴处。

61

适于庭院栽种的
蔬菜与香草

占地面积较小的蔬菜和香草最适于庭院种植。

无论是番茄、彩椒等果菜、罗勒、紫苏等常用香草，还是适于盆栽的小芜菁、黄瓜以及苦瓜等攀附生长的蔬菜都适于庭院种植。

➔ 迷你番茄 【茄科】

因其外形可爱、易于种植而广受欢迎。于4月末至5月初购入种苗后，种于日照充足之处，当株高达1.5m左右后即可立柱辅助其生长。该植株极易栽种，仅用一根侧芽即可长成植株。勿忘及时追肥。

← 苦瓜
【葫芦科】

是冲绳地方菜肴中带独特苦味的一种常见蔬菜。因其枝蔓茂盛而被人们称为"绿色窗帘"。5月购入种苗后即可种植。一旦开始结果，就需尽快收获。延迟收获会导致果实变黄。

↓ 香蕉甜椒 【茄科】

为小型甜椒，果实会在栽培过程中由绿色依次变成黄色、橙色、红色，其颜色鲜亮，是首选的菜园植物。其栽培过程及用法均与普通甜椒相同，于4~5月购入种苗后即可栽种。

↓ 豌豆 【豆科】

其豆荚可食用的"豌豆角儿"及果实可食用的"按扣豌豆"都很受欢迎。一般将豆粒较嫩的豌豆称为"嫩豌豆"（Green Peas），将豆粒成熟的豌豆称为"豌豆"。在日本关东以西地区常在秋季播种，而在寒冷地区一般在春季播种，春季收获。

⬇ 小芜菁【十字花科】

虽然芜菁种类丰富，但最适合菜园种植的是小芜菁，其播种后 1~2 个月就能收获。由于该植物不耐热，适于在春季或秋季播种。如能适当错开时间分批播种，就能长久享受收获的乐趣。同时，该植物也适于盆栽。

⬆ 油菜【十字花科】

口感清爽而美味的中国蔬菜。生长十分旺盛，播种后 2 个月左右即可收获。适于在花盆或条盆中种植。可在 4~5 月及 9~10 月间播种，使用条播或点播，其间需间苗。

⬆ 散叶莴苣【菊科】

为非卷边莴苣，比普通莴苣（球莴苣）更易种植。可播种种植，但购买种苗更省事也更适于菜园栽培。该植株可于春季栽培，因其喜欢凉爽气候，秋季栽培更佳。

→ 秋葵【葵科】

有特殊粘液的一种美味又营养的蔬菜。可于春季播种或栽苗，植株会随着温度升高而迅速长大，还会开出美丽的花朵。一进入盛夏就可大批量收获，4~5cm 的果实口感最佳，一旦错过最佳收获期，果实就会变硬。

⬇ 草莓【蔷薇科】

因其不耐高湿环境，应用花盆栽种。庭院种植时需修起高垄并保持土壤的透水性。一般于秋季购入种苗种植，切勿深种。该植株为多年生草本植物，一旦种下后 3~4 年之内均可收获。

⬆ 瑞士甜菜【藜科】

其红、黄、橙等彩色叶片缤纷绚丽，是点缀餐桌的佳品，也常被用作观赏用植物。该植株耐热性强，于 4~5 月播种后可在盛夏时收获，而此时却很难采摘到其他蔬菜，因此更显珍贵。如在 7~8 月播种，便可在秋季收获。

← 甜罗勒【唇形科】
罗勒品种丰富，最为人熟知的就是一年生草本植物——甜罗勒（Common Basil），常用于给意式菜肴调味。一般于春季播种，必要时可摘取基生叶。一旦植株长出花芽，就应尽早采摘。

↓ 黄瓜【葫芦科】
水嫩又美味的夏季蔬菜。为蔓生植物，适于攀附栅栏等物生长。春季栽苗后，6~7月即可收获。最佳栽苗期为4~5月，相邻株距应保持在1m以上。同时，需铺草保湿并及时浇水，以防植株在夏季干燥。

↑ 紫叶罗勒【唇形科】
生有深紫叶片的罗勒，是庭院的一处亮点。该植株可为菜肴上色、添香，如将叶、茎浸泡在食醋或调味料中，还可将其染成深粉色。其栽培方法与甜罗勒相同。

← 茄子【茄科】
最具代表性的夏季蔬菜。在5月栽苗后，10月之前即可收获。由于干燥会影响产量，所以需及时浇水。一旦发现结实率低，就应及时追肥。在庭院一角种下4~5根茄秧后无须太过打理，就能收获到足够全家人食用的茄子。

↓ 紫苏【唇形科】
为日本香草的代表。有绿紫苏和红紫苏之分，其中红紫苏常用于给日式梅干和红姜上色。一旦种下后无须太过打理，便可供人长期使用，因此庭院一角的2~3株紫苏堪比珍宝。该植物一般在4月播种，同时也适于盆栽。

↑ 毛豆【豆科】
嫩大豆就是毛豆。从4~7月均能播种，如能适当错开时间分批播种，还能多次收获。由于豆种常遭鸟害，播种后应支网保护。

→ **荷兰芹**【芹科】

小型蔬菜，无须大量种植，用花盆种植所需用量即可。如在春季播种，从初夏至冬季期间均可收获。在日本皱叶型Moss curled 荷兰芹较常见，而在欧洲宽叶荷兰芹则较常见。

↑ **刺菜蓟**【菊科】

因与洋蓟近缘，而极易被混淆。该植物的硬刺较尖，花朵也更漂亮。可食用的部分为叶柄根部而非花蕾，其栽培方法与洋蓟相同，需立支柱以防倒伏。

↓ **绿皮密生西葫芦**【葫芦科】

原产于美国至墨西哥地区，在日本较为少见，是各国菜肴的常用蔬菜——南瓜的近缘。因其叶片较大，需一定的栽种空间，也可用作观赏用植物。春季种下后，可于夏季收获。

↑ **玉米**【禾本科】

在 5 月上旬播种后，无须太过打理便可在夏季收获到美味的玉米。植株过少时会导致受粉率低，从而出现"少粒"现象，所以最少需种植 10 株左右。

↑ **洋蓟**【菊科】

自古以来就备受欧洲人喜爱的一种可食用花蕾的大型高级蔬菜（香草）。为蓟类的近缘，生长高度可达 2m，也可用作观赏用植物。可播种种植，但育苗效果更佳。最佳种植期为春季。

→ **野油菜**

【十字花科】

绿叶蔬菜，在日本关东地区被称为"京菜"，而在关西地区则被称为"水菜"。其口感爽脆，十分美味。一年之中均可播种，在播种后 1 个月左右，当叶片长到 20~30cm 大小时即可收获。

在不同季节收获水果！
适于庭院栽种的果树

无论是柑橘、苹果、梨等常见果树，还是蓝莓、木莓等小型果树以及葡萄等蔓生果树，只要有一定的空间均能种植。同时，还可用花盆在露台进行种植。

↑ 苹果【蔷薇科】
当生长环境温度高于 5℃时则无法结果实，所以不适于在温暖地区栽种。其耐寒性较强，在日本东北及北海道地区均可在庭院种植。家庭最适于种植枝条上展且能开花、结实的品种——Ballerina Apple Tree。一般种下 3 年后可收获，其高度不会超过 3m。

→ 蔓越莓
【杜鹃花科】
适于盆栽的小型果树。果实口感较硬且酸涩，不适于生食，可加工成果酱或果汁。日本自有品种"红莓苔子"的大果实品种常用于市售。因其耐热性较差，应于夏季放置在通风良好的地方。

↑ 樱桃【蔷薇科】
在日本东北以北夏季少雨的地区适于庭院种植樱桃。可从 Napoléon、佐藤锦、高砂、南阳等品种中选择几个品性相近的品种同时种植。关东以西地区适于种植其近缘品种——暖地樱桃（也称"中国樱桃"）。

↑ 柑橘【芸香科】
柑橘种类丰富，其中最适于日本种植的就是耐寒性强的旱地品种——温州蜜柑。只要气温高于零下 5℃的地区均可在庭院种植。由于市售有枸橘砧木嫁接树苗，所以在 3 月下旬至 4 月种植时，切勿让土没过接口。

↑ 西番莲果【西番莲科】
为西番莲的近缘，其特有的美丽花朵独具异域风情，又名"水果西番莲"。该植物一般于 5 月开花，7~8 月果实成熟。在温暖地区可于庭院种植，在冬季用盆栽能起到一定的保护作用。将其置于栅栏等物下方，能使枝条攀附生长。

← 梨【蔷薇科】
其品种非常丰富，从日本东北至九州、冲绳的大范围地区均可栽种。如不能及时用其他合适树种受粉则会影响结实，所以需同时种植 2 种以上适于受精的品种。种植时，需选择日照充足且透水性、通风性俱佳的环境。

← 蓝莓【杜鹃花科】
寒冷地区适于栽种耐寒性强的 High bush 品种；温暖地区适于栽种耐热性强的 Rabbit eye 品种。因其喜欢强酸性土壤，种植时需在土壤中混入一桶未调合酸度的泥炭藓。当枝条挂满果实后，再过 1 个多月就可收获。需注意鸟害。

↑ 费约果树【桃金娘科】
其甘香四溢的果实极具诱惑力。虽为原产于亚热带的热带水果，但耐寒性要优于温州蜜柑，因此关东以西地区均可在庭院种植。选择果实较大且能自体受粉的 Coolidge、Apollo 等品种最佳。

← 木莓【蔷薇科】
为悬钩子的近缘，其长势茁壮、易于种植。因其耐寒性强而耐热性弱，夏季种植时应选择无夕照的半背阴场所。该植株也适于盆栽，还有春、秋两季都能结实的品种（Indian summer、Fall gold 等）。

↑ 葡萄【葡萄科】
藤蔓类果树，可攀附栅栏、藤架等物生长。因其不耐雨水，在开花至结实期间应选择能防雨的场所。巨峰、Steuben、Rozario pianko 等美国品系相对耐雨性较强，适于家庭种植。

↑ 房醋栗【醋栗科】
为醋栗的近缘，其耐寒性强，喜欢寒凉气候。夏季种植时可选择光线好的落叶树树荫处，或是罩上珠罗纱以防高强度日照。生有红色果实的红房醋栗最为常见，还有粉色及白色果实的品种。

→ 黑刺莓【蔷薇科】
虽为木莓的近缘，但耐热性较强，适于温暖地区种植。有匍生品种 Sone less、立生品种 Melton thoron death 及 Bio chief 等。一旦果实变成黑色即可收获，一次吃不了还可冷冻保存。

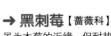

巧妙利用蔓生植物
栅栏及墙面的美化

美化小型庭院的关键就是高效利用现有空间。善加利用墙面及栅栏，就能使栽种空间更富于变化，从而打造出立体化的高品位庭院。

如在宽敞庭院中仅采用平面化的种植方式，会显得过于呆板、缺乏层次感。反之，如能利用植物对狭小空间的界墙栅栏、围墙及房屋墙面进行立体化装饰，就能打造出美观又具张力的绿色空间。

让蔓生植物攀附栅栏、墙面生长或在高处摆放垂枝型植物都是不错的选择。这些设计不仅漂亮，还能让人感受到主人高超的园艺技术，也让庭院显得别具一格。同时，巧用吊篮和吊桶能赋予空间更多变化与韵律感。

如果担心枝叶覆盖会导致木制住宅的墙面返潮，可间隔墙面设置棚架以让蔓生植物攀附生长。对于围墙而言，选用铁栅栏和斜条栅栏再好不过。

●外观简洁的白色栅栏将道路与住宅隔开。缠绕其间的白色大朵及浅紫色铃形铁线莲巧妙化解了栅栏的乏味感。铁线莲的花形丰富、花色多样，是美化墙面及栅栏的首选植物。只要植株上部处于开放式的明亮空间，即便株底位于背阴处也能正常生长。

●铁线莲是最适于装饰墙面的蔓生植物。因其冬季落叶，并不会影响周围环境的采光性。该植物种类丰富、习性不一，应根据具体环境选择适宜的品种。该植物最适于搭配蔷薇种植。

●铺满整个木墙的蔓生蔷薇与铁线莲。盛开于宿根草花坛旁小路上的铃铛形铁线莲形成一道天然拱门，漂亮的古典玫瑰从房屋朝拱门处蜿蜒伸展，将整个建筑物都包裹在苍翠绿叶与淡雅花色之中。

尽赏蔓生蔷薇之美

　　如要美化栅栏或墙面，首先想到的就是蔓生蔷薇。蔓生蔷薇花形饱满、花色丰富，能极大提升空间的华丽感。应根据环境选择蔓长适宜的品种，所以需事先调查一下所选蔷薇的伸展性。另外，为达到最佳种植效果需在冬季进行剪枝及引枝相关作业，并适时更新枝条，将其沿斜上方固定在水平方向。操作时应先统观全局，再确定枝条的具体位置，如此才能使外观更漂亮。

●自己动手在住宅外墙贴上红砖，打造出西式风格的 DIY 住宅。墙边的工艺铁柱及铁栅栏上爬满了粉色的 Angela 及半蔓生的英伦玫瑰。由于蔓生蔷薇的株底部花朵较少，可点缀几个盆栽。

●起居室窗外的凉亭顶部及侧面爬满了白色的蔓生蔷薇和小朵的半蔓生玫瑰。蔓生蔷薇的枝长可达 5m 以上，最适于美化大面积墙体，其间伸向右墙棚架的蔷薇枝显得极为华丽。

●分界栅栏的木架上开满了粉色大朵的 Pierre de Ronsard 等蔓生蔷薇。近处花坛中种有蔷薇及多种花草、香草，再点缀上朱红色的 Tin Tin 蔷薇盆栽，更显艳丽无比。

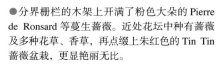

●盛开于红砖外墙与白栅栏之间
的小朵蔓生蔷薇 Ballerina 显得格
外耀眼。该蔷薇枝长有限，即便
冬季剪短枝条也不会影响开花，
还可随意设计造型。可爱的浅粉
色小花营造出自然质朴的感觉。

●围墙上装饰着混栽有匍匐雏菊、三色紫罗兰及常春藤等植物的吊篮。挂于树枝的吊桶中的红褐色三色紫罗兰与吊篮中的花朵相映成趣，个性化吊篮与墙瓦的颜色极为和谐，令人赏心悦目。

●从外门至门口的甬路上装饰着各色花草，令来客备感愉悦。在紧贴防护墙的长台阶两侧整齐摆放着各种盆栽，墙壁各处也装饰着吊篮，显得绿意葱茏、色彩缤纷。

巧用盆栽和吊篮

　　美化门扇、栅栏及大门、窗口附近墙面时，切勿忘记使用吊桶及吊篮。墙面、门板及外墙能让植物的轮廓更清晰也更漂亮。

　　初次尝试使用吊篮的人可选择塑料壁挂型吊桶。壁挂型吊桶不同于吊挂型，由于观赏角度有限，任何人都能用它打造出外观比例较好的作品。

右页●在装饰有蔷薇盆栽的角落里立起高架，并安上钩子用以悬挂浅紫色同瓣花吊篮，并将壁挂型吊桶安于架格处。由于每个花盆中仅种有一种植物，打理起来毫不费事。

做出绿叶窗帘

所谓"绿叶窗帘"是指铺满窗外的蔓生植物，可用来抵御夏季的强日照。苍翠绿叶不仅可以遮光，还能通过叶片的蒸腾作用起到降温的效果，从而让人备感凉爽。对于提倡低耗能的现代人而言，这种窗帘绝对值得一试。

自古以来人们就利用丝瓜架来遮阳，如今很多植物都具有这种功能。在此强烈推荐的就是易种植且可食用的苦瓜。其他如牵牛花的近缘——月光花、葫芦等也适于用作绿叶窗帘。

●攀附绳网生长的开有黄花的苦瓜，其花朵有雄花、雌花之分。

●较为少见的白色苦瓜。白果与绿叶交相辉映的绿叶窗帘，让人过目不忘。该苦瓜果肉也为白色，且苦味较淡。

●从室内一眼望见坠有苦瓜的绿叶窗帘。苦瓜枝叶茂盛、外观漂亮且抵御病虫害的能力极强。如在5月黄金周伊始至6月种植，7月下旬便可形成绿叶成荫的景象，8~9月即可收获。

栅栏及墙面的美化

● 在建筑物外墙的木架上挂网以让苦瓜攀附生长，由此便形成了紧凑的种植空间。这样的绿叶窗帘不仅能遮光，还具有一定的遮蔽作用，可谓一举两得。如在架下栽种些花草，便构成了一个漂亮的庭院。利用蔬菜用大型条盆便可在无土环境中进行种植。

75

美化墙面的
蔓生花卉

巧用蔓生植物可使墙面变得绚丽多彩。
首选植物就是种类丰富、花形华丽的蔓生蔷薇。
近来，铁线莲也备受关注。
其他如常见的牵牛花、凌霄花及常春藤等也被广泛使用。

↑ 金银花【忍冬科】

原产于东亚的半落叶型蔓生植物。其花色会随着花苞开放而由白转黄，气味芳香。该植物的蔓枝最长可达 10m 以上，由于在温暖地区不落叶，又名"忍冬"。该花卉适于装饰各种西式及日式庭院，可用于点缀栅栏、拱门、矮篱笆等。花期：6~9 月
◆栽培要点 适于种在日照充足或半背阴之处，喜欢混有腐叶土的肥沃土壤。3~4 月为最佳栽苗期，夏季需防干燥，可在冬季修剪蔓枝。

↑ 茑萝【旋花科】

开有可爱小花的一年生草本蔓生植物。花形紧实的深红及白、粉色星形小花十分漂亮。花期从夏季直到秋季，蔓枝最长可达 2~3m 左右，可用于装饰矮篱笆、墙面、棚架、栅栏、拱门、凉亭等。花期：7~10 月
◆栽培要点 适于种在日照充足且透水性好的环境中，一般于 4~5 月播种。播种时可先用水将种子浸泡一晚或是给种皮造成伤痕，然后直接播撒即可。5~6 月最适合定植或栽苗。植株生长期需注意保水，花期过后应充分施肥。

↑ 凌霄花【紫葳科】

原产于中国的落叶型蔓生植物，其特有的吸附根可攀附树木生长，枝叶繁茂，尤其是华丽的橙色花朵格外美丽。虽然开花时间仅有一天，但枝头的花朵会陆续开放，使人们在整个夏季都能欣赏到繁花似锦的景象。该植株适于种在温暖地区。原产于北美的北美凌霄花中也有小花形及开黄花的品种。花期：7~9 月
◆栽培要点 适于种在日照充足且透水性好的肥沃土壤中。日照不足会使花蕾凋落。栽种时可让蔓枝伸展到指定高度，同时牵出一些小枝。3~4 月为最佳种植期，应在 2 月左右剪枝。

← 葫芦【葫芦科】

一年生蔓生植物，从傍晚至深夜会开出芳香的白花。该植株有雄花、雌花之分，由于雌花会结果，应及时掐尖以促进蔓枝及雌花生长。有大葫芦、鹤颈瓶葫芦及簇生葫芦等多个品种。该植株具遮阳效果，适于装饰凉亭、棚架及栅栏等。花期：7~8 月
◆栽培要点 适于种在日照充足的肥沃土壤中，可于晚霜过后的 4 月下旬直接播种或是在 5 月栽苗，种植时需保持 1m 左右的株距。需每月施加一次液体肥。

↑ 牵牛花【旋花科】

春种型一年生草本植物，其品种丰富，除大花冠品种及另类开花方式的品种外，还有原产于中南美地区的西洋牵牛花。市面上常见立有支架的牵牛花盆栽，该植物极易栽培，其蔓枝最长可达 3m 以上，适于装饰围墙及栅栏等。花期：7~10 月
◆栽培要点 适于种在日照充足、土壤肥沃且透水性适宜的环境中。5 月为最佳播种期。可先用水将种子浸泡一晚，然后播种在花盆里，当植株长出 4 片真叶后即可移栽。另外，在生长期需防止植株干燥。

← 西番莲
【西番莲科】

常绿型蔓生植物，其形如表盘的花冠极具个性。主要有白色及紫色品种，附带支架的市售盆栽也很常见。该植株长势旺盛，日本关东中部以西地区的户外植株能越冬生长，适于装饰栅栏、拱门、凉亭等。其果实可食用的西番莲果为该植物的近缘。其中，红花西番莲的耐寒性极弱，适于温室栽培。
花期：5~8月

◆栽培要点 适于种在日照充足、透水性好的温暖无风处。可在4月左右种植，因其耐寒性较弱，冬季应采取覆盖栽培法。

Summer bouquet | Rose giant | White delight

↑ 飘香藤【夹竹桃科】
原产于南美的非耐寒性常绿蔓生植物。花期从春季至夏季，缠绕于支架的白、红、粉色的漏斗状花朵十分俏丽多姿。蔓枝最长可达5~6m，其直径8~10cm的花冠颇为华丽。该植物适于装饰栅栏及拱门等，堪称庭院中一大亮点。由于品种被不断改良，花形较大且花色艳丽的植株越来越多。花期：5~10月

◆栽培要点 适于种在日照充足之处。夏季可在户外种植，而冬季的生长温度需在7℃以上，因此可将植株移栽至日照充足且温暖的窗边。栽苗期为4~5月，花盆移栽也适于在此时进行。

→ 花叶地锦【葡萄科】
原产于中国的爬山虎属落叶型蔓生植物。枝长可达6m左右，植株结实且耐寒性较强，可生长于零下15℃的环境中。适于种在半背阴环境中，其蔓端生有吸盘可附着墙壁匍匐生长。叶表生有灰白色叶脉，叶背为紫色，秋季时的红叶也很漂亮。该植物可美化背阴墙面或做成吊篮饰品。观赏期：春季至秋季

◆栽培要点 适于种在有一定湿度的半背阴环境中，如果日照太强会影响叶色。该植物无须太过打理便能苗壮生长，只需在春季至初秋的生长期中每2个月施加一次缓释肥。

↑ 倒地铃【无患子科】
嫩绿叶片间缀满3cm大小形如纸气球的黄绿色果实，非常可爱。该植株色彩明快，适于装饰西式及日式庭院。为一年生草本蔓生植物，叶间长有不起眼的白色小花。虽然该植物外观纤弱，却能抵御夏季的强日照，因此可辅助遮阳或用来装点建筑物周围及栅栏等。花期：7~10月

◆栽培要点 该植株的环境适应性较强，只要水分充足便可苗壮生长，适于播种栽培，最好种在日照充足之处。播种可在4月，栽苗可在5~6月间。

↑ 素馨【木犀科】
原产于北美的常绿型蔓生植物，虽不属素馨属，却因其花朵与素馨相似而得名。该植株的花香不如茉莉浓郁，但长势苗壮，具一定耐寒性，在日本关东以西的太平洋地区适于庭院种植。可用其美化栅栏及墙面等。花期：4~5月

◆栽培要点 虽适于种在任何土质中，最好选择日照充足、透水性好的温暖环境。4~6月为最佳栽苗期。在春季的发育期，需注意植株保水。花期过后应立即剪枝，同时让新枝攀附栅栏等物生长。

Doctor Ruppel

早开型大花冠品系 / 新老枝同时开花

为大花冠铁线莲中较结实的品种，适合初学者栽种。其浅粉色花瓣的瓣边呈微褶形，瓣中部生有深玫瑰色条纹。该植物易开花，适合装饰栅栏、棚架及墙面等，用它美化围墙也能带来耳目一新的感受。花期：4~10月

Rooguchi   Integrifolia 品系 / 新枝开花

其独有的深蓝紫色铃形花冠显得别具一格。花朵直径为 5~6cm，恬静安然的花姿让人过目不忘。该植株花量多、易种植，尤其是大棵植株更加漂亮。为半树型植物，枝长可达 1.5m，适于装饰矮栅栏及棚架，也可用于点缀其他花木。花期：5~10月

Tangutica Lambton Park

Tangutica 品系 / 新老枝同时开花

明艳的金黄色铃形花朵让人想不到是铁线莲，尤其是开花时的花冠显得极为丰满而立体。因其花香略带椰香，且花期为夏季，最适合营造南国风情。该植株花量多、生长旺盛，枝长可达 3m 以上，就连侧枝也可开花。花期：6~10月

Montana Rubens   Montana 品系 / 老枝开花

为喜马拉雅地区最具代表性的 Montana 品种。花朵直径 5~7cm，浅粉色的圆瓣花非常漂亮。该植株生长旺盛，蔓枝可达 3~5m。易于开花且花香甘醇，春季开花时甚至能覆盖整个植株。几乎无须剪枝，仅需每月施加一次液体肥即可。花期：4~5月

Gravetye Beauty

Texensis 品系 / 新枝开花

为耐暑性较强的铁线莲，上扬的深红色花冠形如郁金香。花朵直径 4~6cm，新花会依次从旧花的瓣间隙里开出。蔓枝可达 4m 左右，植株结实且花量较多，可用于装饰拱门、栅栏、棚架等。需每月施加一次液体肥。花期：5~10月

适于庭院栽种的铁线莲

Romantika
晚开型大花冠品系 / 新老枝同时开花

是花色最深的铁线莲品种。其深紫花色近于黑色，易于开花，植株结实、容易栽种。该植株生长旺盛，蔓长可达 3~4m。搭配其他品种铁线莲或植物一起种植要比单栽的美化效果更佳。花期：5~10 月

Foodin
晚开型大花冠品系 / 新枝开花

浅粉色的花蕾绽放后，会开出珍珠般闪亮的白色花朵，极为高雅。花朵直径 6~10cm，是外观较小的多花型植株。其植株会随着生长过程而愈发漂亮，如生长旺盛就会持续开花。不过，该植株的蔓枝易折断，需多加注意。花期：5~10 月

Ettika
晚开型大花冠品系 / 新老枝同时开花

由 4~6 片花瓣构成的粉色中朵花上生有柔和的淡紫色条纹，其瓣尖呈紧绷状。花朵直径 8~12cm，蔓枝可达 2m 左右。为横向开花的多花型植株，适于装饰矮柱、墙面及栅栏等。该品种较结实，易于栽种。需每月施加一次液体肥。花期：5~9 月

铁线莲的栽种方法

不同品种的剪枝要点

冬季时需剪掉少许枝端

从新长出的枝条上开花

冬季时从地表处剪枝

●**老枝开花**——从去年长出的枝条（老枝）上长出 1~3 节新芽后开花的类型。早开型大朵品系及 Montana 品系等多为只开一季的品种。花期过后只需稍微剪枝或不剪枝。

●**新枝开花**——去年长出的枝条大都枯萎，只能从地表处新长的蔓枝上开花的类型。多为晚开或四季开花的品种，Texensis、Integrifolia 及 Viticella 品系等均属该类型。需在花期过后充分剪枝。

●**新老枝同时开花**——无论是去年还是今年的枝条均能长出蔓枝、开出花朵的类型。有四季开花的品种，晚开型大朵品系及 Tangutica 品系等均属该类型。需在花期过后剪枝，修剪程度不限。

选购花苗及栽种事宜

庭院种植时适于选择 4 号以上的大花苗或已开花的盆栽。将小花苗直接种在地里不易开花，需用花盆栽培一年以上再移入地里。

从初春至春季为最佳栽苗期，不过只要避过盛夏和寒冬，任何季节均可种植。该植物生性喜阳，但只要让枝端能接受日照即可，株底部处于背阴处也无大碍。

挖种坑时需充分翻土，并及时添加有机物及缓释肥。从花盆拔出花苗时切勿弄断根部，栽种时要保证 2 节以上的根部都被埋入土中。为促进植株生长切勿浅植，要把种坑挖得大一些。

栽种后需充分浇水。铁线莲不适于移栽，需事先决定种植场所。

日常护理

如种在日照充足之处，一旦发现土壤表面干燥时就需立即浇水。可用小根冠的深根型草坪植物覆盖植株底部，以避免日光直射。

该植株喜欢多肥环境，一旦肥料不足就会影响其生长及开花。一年中需多次施加固体肥料，如冬季的"寒肥"、春季的"发芽肥"及开花时的"酬谢肥"。在生长期需每月施加 2 次液体肥以取代浇水。

平时还需多注意病虫害的情况以早做防范。对于常见于春、秋两季的蚜虫，可在株底部撒上乙酰甲胺磷颗粒来进行预防。

← Blaze

成簇开放的朱红色中型花，十分艳丽夺目。花朵满开时甚至能覆盖整个植株。花朵为直径 6~8cm 的圆瓣花，植株结实且有一定的抗病性。适于装饰栅栏、柱子及屏风，虽为晚开品种，却能四季常开。蔓长约 3m，花香怡人。

→ Angela

成簇开放的多花型小朵品种，紧实的深粉色花瓣显得十分娇艳。花朵为直径 5cm 左右的圆瓣花，为半重瓣杯状开放。从春季至秋季会陆续开花，可四季常开。蔓长约 4m 左右。由于枝条较粗实，可攀附墙面、栅栏等垂直表面生长。无明显花香。

↓ 蔓生 Dainty Bess

为 Hybrid Tea 的 Dainty bess 的芽条变异品种。枝长可达 3m 左右，易开花且秋季也能开花。花朵直径约 13cm，为粉中带青的单层圆瓣花，其红褐色花蕊格外显眼。花香如丁香，适于装饰墙面及栅栏。

← May Queen

玫瑰状开放的粉色花朵微染淡紫，极为雍容华丽。中型花会成簇开放于纤细枝条间，形成微垂的姿态。花香怡人，四季常开，蔓长约 3m。可使其生长至栅栏、凉亭的高处，从下方仰望，更觉花姿动人。

→ Ulmer Muenster

杯状开放的半尖瓣花，其亮红色花朵极富光泽感。花朵直径约 11cm，几乎无香气。为半蔓生植物，反复开花的同时会伸展枝条，枝长可达 3m 左右。由于该植株枝条粗实，适于装饰墙面、栅栏及矮柱等。

↑ Pierre de Ronsard

深杯状开放的大朵花冠极为饱满，其花朵会随着开花进程而变成玫瑰状开放。为多花型品种，花朵外圈为象牙白、中心为粉色，十分漂亮。该植株耐寒性较强、花形华丽。蔓长可达 3m 左右，为一季开花品种，略带花香。

→ 蔓生 Confidence

为 Hybrid tea 的 Confidence 的芽条变异品种。浓淡相宜的半尖瓣粉色高蕊花十分漂亮，且所有花瓣都呈微皱状。为多花品种，花朵直径约 14cm，花香怡人。蔓长约 4m，植株非常结实，适于装饰屏风、拱门等。

↑ 蔓生
Orange Medillandina

为迷你 Orange Medillandina 的芽条变异品种。无论是亮橙色的半重瓣品种还是簇生的平开型小花品种，其花开时都能覆盖整个植株。该植株花期较长，秋季也可开放，略带花香。植株结实，蔓长约 2m。

↓ 小鹿蔷薇

瓣边为粉色、花中央为白色的小朵单瓣花。花形可爱，常成簇开放。由于小朵蔷薇适于装饰与人眼高度相近的场所，除了可美化拱门，还可将其种在栅栏及窗边。该品种可搭配种植其他任何品种。

↓ Graham Thomas

是最具代表性的古典风情的英伦玫瑰。杯状开放的深黄色中型花在鲜绿叶片的衬托下更显娇艳。因其为半蔓生植物，可于冬季按设计高度进行剪枝。其花香高雅，宛如茶香。

↓ 野蔷薇

为日本独有的原种蔓生蔷薇。春季一季开花，蔓长约 3m。花朵为直径约 3cm 的小型花，白花中微微泛粉。为圆瓣单瓣花，有花香。植株结实且蔓枝易伸展，适于初学者栽种。由于该植株生长速度很快，适于美化墙面及矮篱笆。

↓ Coupe d'hebe

杯状开放的重瓣粉玫瑰，极具古典气息。为半蔓生植物，枝长约 2~3m，适于装饰小拱门或窗边。刚开始种植时枝条略显稀疏，之后会逐渐变茂密。其花香馥郁、极具魅力。为一季开花品种。

↓ Marchen Land

其花蕾如红色天鹅绒般大气、雍容，开花后会变成亮粉色。花朵直径 6~8cm，簇状开放，花香怡人。为一季开花的品种，蔓长约 2m，植株较结实，适于装饰柱子、栅栏等。

→ 蔓生 Ruscatina

为蔓生蔷薇，其橙中透红的半尖瓣高蕊花缀满枝头，显得娇艳无比。花朵为直径 6~8cm 的中型花，花势颇盛，适于美化拱门、栅栏及墙面。其花香馥郁，颇似果香。为一季开花的品种。

← Parade

重瓣开放的深粉色圆瓣中型花。花朵直径为 7~9cm，花枝较长。花形颇具古典气息，且能四季常开。植株结实，粗实的蔓枝呈横向伸展，蔓长为 3~4m，适于装饰拱门、柱子及屏风等。

↑ Dorothy Perkins

明艳的粉色花朵会接二连三的开放，其花朵为直径 3cm 左右的小型花，属多花品种，其满开的姿态非常动人。花香怡人，为一季开花的品种。蔓长达 5m 以上，适于装饰窗边、墙面，还可做成垂枝花架。易染白粉病。

→ Pat Austin

较受欢迎的英伦玫瑰，其特有的橙色（或称铜色）花冠别有风韵。呈深杯状开放的大朵花极具视觉冲击力，花香怡人，让人过目不忘。虽为半蔓生蔷薇，但蔓枝易伸展，适于装饰拱门及栅栏等。

↑ Uncle Walter

花形紧实的尖瓣鲜红色高蕊花。花朵直径约 13cm，具有天鹅绒般的细腻质感。每 3~7 朵花会簇开放，虽能四季常开，但秋季花朵较少，无明显花香。蔓枝较粗，长度约 4m，适于装饰墙面及拱门。植株结实，抗病性较强。

→ Ballerina

浅粉色单瓣蔷薇。花朵直径为 2.5~5cm，成簇开放的花朵几乎覆盖整个植株，满开时的景象颇为壮观。春季之后花朵会逐渐减少，不过秋季前又会陆续开放。蔓长约 3m，适于装饰任何场所。

↑ Liverpool Echo

橙粉色的半尖瓣整形花与杏花较为相近。花朵直径约 6cm，无明显花香，尤其初绽时格外漂亮。为多花型植株，且四季常开。蔓长为 3m 左右，适于装饰柱子及拱门等。植株结实，适合初学者栽种。

← 蔓生 Iceberg

是被誉为"名花"的 Floribunda 种的蔓生品种。白色的半重瓣中型花非常典雅、俏丽，又名"白雪公主"。蔓长约 3m，一季开花且花香怡人。其枝蔓柔软，易于打理，具一定的抗病性，最适于初学者栽种。其光亮叶片也非常漂亮，被人们广泛使用。

↑ Constance Spry

英伦玫瑰中的头号品种。花朵直径 10cm，属大朵英伦玫瑰，杯状开放的粉色花朵显得格外雅致。枝蔓柔软、易伸展，适于装饰大型拱门、凉亭及墙面。为一季开花品种。

↑ 木香花

花势极盛，成簇开放的直径 2cm 的浅黄色小朵重瓣花显得蔚为壮观。植株无尖刺且叶片较小，极适合初学者栽种。另有白花品种，为一季开花。枝条易伸展，最长可达 10m 左右。可随时剪枝，适于装饰矮篱笆等处。

↑ English Heritage

质感透明的浅粉色英伦玫瑰。其杯状开放的中型花显得缥缈脱俗、美轮美奂，让无数人为之倾倒。为半蔓生植物，蔓长约 2m，适于装饰窗边、小型拱门及栅栏。

蔓生蔷薇的栽种方法

缠绕于拱门及栅栏的蔓生蔷薇能使空间颇具华丽感。

其基本栽培方法与普通蔷薇相同，但在引枝、剪枝及外观设计方面还有一些不同于灌木蔷薇的地方。

用塑料布等包裹根部的大苗，最近盆栽花苗也很常见。

新苗。用花盆栽培一年即可长成。

选购花苗及栽种事宜

蔓生蔷薇与灌木蔷薇一样，也有大苗和新苗。其中，大苗及已开花的盆栽苗最适于庭院种植。

大苗一般于秋季上市，最佳栽种期为 11~2 月。如果盆栽苗的根部扎实，春季也可栽种。应尽量将其种在日照充足且通风良好的环境中，由于蔓生蔷薇枝条易伸展，还应适当增大株距。

种植时需防止根部干燥，下坑前应补水。挖种坑时需充分翻土，并添加足量的堆肥等有机物。栽种时需给根部留出足够的伸展空间，并注意植株高度以让嫁接处露出地面为宜。

栽种完成后应充分浇水。

日常护理

一旦地表干燥，就应立即浇水。对于盆栽植株，春夏两季每天都需浇一次水。

该植株喜欢多肥环境，一旦肥料不足就会影响其生长及开花。施肥方式与灌木蔷薇相同，即在冬季施加"基肥"、在春季施加"发芽肥"及在开花时施加"酬谢肥"，均为固体肥料。如果植株枝条长势较好，则无须在夏季施加"基肥"。

由于蔓生蔷薇多由去年长出的枝条上开出春花，所以只能在冬季剪枝。此外，剪枝后的引枝操作也需在冬季完成。

对于该植物而言，预防病虫害尤为重要。虽然多数品种的植株都较为结实，但对于蚜虫这类常见虫害，可在株底撒上乙酰甲胺磷颗粒加以防范。用药时需详读说明书，并严格遵照指示操作。

各种外观设计

●拱门

适于选择蔓枝柔软的品种。将蔓枝呈 S 形绕于构架上，开花时会显得很匀称。勿使蔓枝穿过拱门内侧，需装饰在外侧。

●凉亭

用木材及石料修建的凉亭适于选择比拱门用蔓生蔷薇稍大些的品种，即高株型蔓生蔷薇。如选择花冠或花枝低垂的品种，则更添风韵。

蔓生蔷薇的各种外观设计

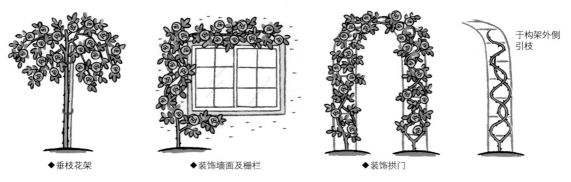

◆垂枝花架　　◆装饰墙面及栅栏　　◆装饰拱门　　于构架外侧引枝

●栅栏 / 棚架 / 墙面

　　栅栏及墙面适于选择枝条粗实、不易弯折且呈横向伸展的品种。装饰墙面时，可通过钉钉子、铺设金属线或网绳来固定蔓枝。栽种时需根据具体品种及被装饰物的高度来进行引枝。

●柱子 / 工艺铁柱

　　即用蔓枝缠绕柱状或圆柱状的建筑物，"工艺铁柱"是指铁制的、极具装饰效果的高圆筒状物体。近年来，蔷薇用工艺铁柱常见于市面。

●垂枝花架

　　将蔷薇嫁接在较高的砧木上，以形成阳伞般的垂枝效果。

剪枝与引枝

　　为能尽赏蔓生蔷薇的美丽花姿，冬季的剪枝及引枝就变得十分重要，一般于 12 月~1 月末期间进行操作。

　　首先需取下固定蔓枝的所有绳套，然后剪掉细枝和 3 年以上的老枝。如果抽芽的新枝较少，需适当控制剪枝程度。只要及时更新蔓枝，植株就能茁壮生长，其花朵数量也会增多。

　　完成剪枝后，需在统观植株外观的同时进行引枝。操作时使其尽量匍匐伸展于水平方向，然后用麻绳系牢即可。刚开始时无须固定所有蔓枝，应在完成整体外观设计后再酌情固定。

蔓生蔷薇的剪枝与引枝

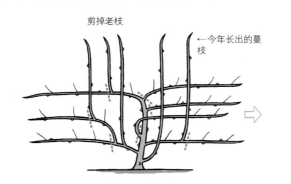

剪掉老枝

←今年长出的蔓枝

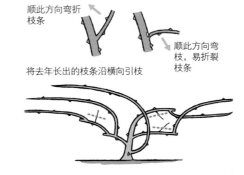

顺此方向弯折枝条

顺此方向弯枝，易折裂枝条

将去年长出的枝条沿横向引枝

亮点与看点不可或缺
不限场所的
盆栽园艺

即使没有庭院，也可用花盆及条盆来打造盆栽园艺。
它可将露台、门口及露台等处装饰一新。
首先可以用一只花盆种植喜爱的花卉。
盆栽园艺不仅能美化周围环境，还能带给我们很多
乐趣。

　　有人可能会觉得"盆栽园艺"稍显另类，其实
它就是"利用容器（花盆）中的花卉来美化、装饰
环境"。我们可以先去园艺商店选购自己中意的花盆，
然后种上喜欢的植物及应季花卉。无论是狭小空间
还是日照不足的地方，只要选择合适的植物，就能
营造出优雅氛围。

　　盆栽园艺能让人们充分享受到栽种的乐趣，能
通过混栽花卉及多种装饰方法来营造不同氛围。当
看着花苗逐渐长成植株并开出花朵，其喜悦之情简
直无以言表。虽然盆栽园艺极富于乐趣，但初学者
最好还是从单栽一种植物入手。单栽不仅便于观察、
护理植株，还能突显出花草的个性美。

●用藤枝将常春藤、黄金钱草等绿叶植
物盆栽固定于门旁。门上挂着矮牵牛花盆
栽，近处放有香荠盆栽。点缀其间的巢箱
及小狗饰品更显可爱，整个设计凸显出主
人高雅的情趣。

●台阶处花盆中的紫山慈菇（Ipheion）、报春花、雏菊、紫罗兰及三色紫罗兰等早春花草争奇斗艳，仿佛呼唤着春天的到来。报春花等数个小型盆栽点缀其间，且花盆的颜色与质感极为一致，使整体外观更显协调。人们上下台阶之时便能充分感受到应季花卉之美。

用花盆种花的乐趣

　　直接购买市售盆栽花卉虽然省事，但将花苗种在选购的花盆或条盆中则更具乐趣，如此也能打造出极具个人风格的盆栽园艺。如果花盆较小，仅用一株花苗就能做出漂亮的盆栽。如果是大型花盆或条盆，就可种上多株花苗，既可栽种同种花卉也可混栽不同花卉。

　　为能长久欣赏盆栽植物，浇水、追肥及植株更新等日常护理就变得十分重要。如能一年进行一次移栽或重植，盆栽植物就能永葆美丽。

●建筑物外墙处的桶形花盆中种有各色花木，其株底覆盖有可爱的春花。赤陶盆中的白色及杂色郁金香让整个空间显得生机勃勃，就连花草旁的小狗饰品也如此热情洋溢。

●露台一角的赤陶盆中种有极易打理的三色紫罗兰及三色堇，后方花茎较长的植物为羽衣甘蓝。如能对近处的三色紫罗兰等进行及时更新及追肥，定能开出美丽的花朵。

●挖空的枕木中混栽着大小、高矮不同的针叶树，而栅栏处的枯木又颇具先锋派艺术气息，另在孔洞处种上多肉植物。通过使用各种天然材料而巧妙弱化了建筑物自身的僵硬感。

●放于树下的中型粉色蔷薇盆栽。赤陶盆与防护套（Pot Farm System）的颜色十分协调，又颇具华丽之感。

●置于墙边的针叶树、常春藤、天竺葵及柑橘盆栽。将花盆放于砖块等物之上，不仅美观还利于提高植株的透水性及通风性。

●在迎客甬路上放有迷你蔷薇及赛亚麻的盆栽，可爱的动物饰品更添柔美气息。憨态可掬、亲密无间的两只小兔营造出安详和谐的氛围。

用盆栽花卉打造五彩缤纷的庭院

如果想营造出繁花似锦的景象，色彩缤纷的花园堪称首选。首先，可在园中种上针叶树等树木作为背景，然后再将不同的花卉盆栽组合在一起来营造华美氛围。

当然，仅用盆栽也能达到此种效果。同时，还可利用花架等来进行立体美化。只要事先根据具体场所设计好所用的花盆及植物，定能万无一失。

当盆中的一种花卉凋谢后，再植入另一种应季花卉，就可使庭院四季花团锦簇、美不胜收。

●起居室飘窗外摆满各式盆栽，构成了一幅繁花似锦的风景。通过使用花架而使矮牵牛花、三色紫罗兰及针叶树盆栽呈现出由远及近的错落感。左侧的吊篮与右侧棚架上的蔷薇更让整个空间显得华丽多姿。

90

●在庭院某处垫上砖石，然后摆上蔷薇、大丁草及薰衣草等盆栽，另加入的木椅及小饰物与整个园艺角的氛围十分协调。苍翠的绿叶植物让五彩斑斓的空间更显自然神韵。

●沿小路蜿蜒至门口的春花花园。在摆成一列的郁金香盆栽前方放上三色紫罗兰及三色堇盆栽。同时，利用花架及吊篮在郁金香后方为花卉营造出高度。浅紫色的三色紫罗兰及三色堇与深红色郁金香相映成趣，使其间的点点黄花更显亮丽。

混栽——用一只花盆
栽种多种花卉

当您掌握了盆栽园艺的基本技法后，可尝试一下花卉混栽。将数种花草集中在一个花盆中，能让整体外观更显华美。混栽时首先要考虑的就是植株习性（喜阳或喜阴）及花卉的生长环境，我们要选择那些生长环境相近的品种，还要留意一下不同花卉的花期是否一致。

如能充分设计好不同花色与叶色的搭配风格，将不同质感与外观的植株巧妙组合在一起，定能做出独一无二的盆栽。

●铁架上的浅口圆盆中混栽着粉色小朵的迷你蔷薇、马鞭草及蓝雏菊等花草，构成了草坪庭院中的一处别致景观，让人过目不忘。

●厚重的大赤陶盆中混栽着白花荷兰菊、海葵、雏菊、蜡菊等各色早春花卉。栽种时根据不同植株的株高，营造出高低错落的效果。白、粉、紫的色调搭配万无一失，最适于初学者尝试。

上图●多口花盆的正面及侧面种有重瓣矮牵牛花及山梗菜，后方种有三色紫罗兰，整体外观非常华美。

下图●亮蓝色花盆中的粉色白花荷兰菊与蓝色喜林草满溢而出，就连近处的白色匍匐雏菊也是那么可爱。

●置于 1m 高的花架上的混栽盆栽。由远及近依次种有白色郁金香、轻盈的报春花及三色紫罗兰等，最后用香芹遮住盆边，整体色调显得既典雅又大方。

●以针叶树为背景的花台显得别有情趣，盆中混栽着报春花、三色紫罗兰及香芹等花草，而近处的草莓枝在不久后也将结出可爱的红色果实。

●置于浅褐色砖墙处的绿叶混栽盆栽极具自然气息。其间种有百里香、鼠尾草等，尤其是条纹型香草更显亮丽、明快，就连叶间的小饰物也如此可爱。这种盆栽无须多加打理，便可长久观赏。

用赤陶盆制作混栽盆栽

虽然花盆的种类很多，但混栽时最常用的就是一种被称为"赤陶盆"的素陶花盆。其外观古朴、自然，适于搭配多种植物。同时，该花盆的透气性及排水性也非常出众，适于制作大型混栽。

●所需材料

盆底用土（轻石、日向沙＊）、花土、泥炭藓、MAGAMP K 肥料、深口赤陶盆、盆底滤网

＊ 产于日本宫城县南部雾岛火山一带的轻石土。

工具：剪刀、花铲

香草：1株浅紫鼠尾草、1株蕨叶薰衣草、1株天芥菜、1株凤梨鼠尾草（如植株较小可用2株）、1株蓝冠菊

草花：3株大波斯菊、3株黄色虾钳菜、2株红色虾钳菜

所用的草花与香草

浅紫鼠尾草、蕨叶薰衣草、天芥菜、凤梨鼠尾草、蓝冠菊、虾钳菜、大波斯菊。

混栽要点

同一花盆中最好种植品性相似的植株，还需事先充分确认不同花卉的观赏期（花期），然后进行合理混栽。

1 用尺寸合适的盆底滤网盖住盆底孔洞（以防种花土流出）。

2 在盆底铺上 2~3cm 厚的盆底用土，以增强透水性。

3 将花土填至花盆 1/3 处，并摊平表面。

4 从苗盆中轻拔出凤梨鼠尾草后放于花盆后部。

操作时，需根据花盆形状来调整香草及草花的位置，以使整体外观更漂亮。可将高株的香草种在后方，将大朵波斯菊作为主角加以突出，最后将矮株的双色虾钳菜点缀在前方。

混栽大功告成！此盆栽可尽享天芥菜、薰衣草的美妙花香及大波斯菊的动人花姿，可从初夏至深秋长期观赏。

5

从苗盆中轻拔出浅紫鼠尾草及蕨叶薰衣草，同样放在花盆后方。

6

然后在花盆左侧放上蓝冠菊，右侧放上天芥菜，并把土培在植株的空隙处。

7

从苗盆中轻拔出大波斯菊，并放在花盆中最显眼的地方。

8

将矮株的虾钳菜放在盆中近前处。

9

当种上所有植株后，需确认一下花土覆盖是否均匀，如不均匀需及时添加。

10

在3、4处植株空隙处分别添加一满小勺用作基肥的MAGAMP K肥料。

11

用泥炭藓覆盖露土处能防止植株干燥。

12

充分浇水，直至水从盆底溢出。切忌打湿花朵。

在花盆样式及装饰方法上多花心思

精巧的花盆能让种花的乐趣倍增。我们可以去园艺商店里寻找自己中意的花盆。同时，利用板材、圆木及木排等材料做成各种花盆及吊桶也别有乐趣，能让花园更显独具匠心。

利用数个盆栽进行装饰时，要充分注意花盆的质感，相似的材质会让整体风格更清晰。花盆的摆设方式也很重要，操作时可不时远观一下，以确定整体布局效果。

●如今安装于木栅栏上的自制饵箱多用于插放花卉。从饵箱小窗伸展而出的常春藤枝给庭院增色不少，随意插放的喜林草及矮牵牛花也十分可爱。

上图●用保留树皮的圆木做成的盆栽，下方配以细圆木花架，极具自然美感。其间种有紫色系的三色堇及银叶野芝麻。圆木盆栽与近前修长的赤陶盆盆栽形成了鲜明对比。

下图●用树枝与藤蔓做成的秋千盆架显得别具一格，适于装饰狭小空间。树枝上的藤蔓极具质感，让人不由联想到深山吊桥。

●蔓枝弯卷的盆罩中放有可爱的玩偶形花盆，近前的小兔饰品也是灵气十足。如发丝般垂于玩偶头部的花草及下部的红色雏菊是如此生动而娇艳。

● 在针叶树为背景的有限空间里巧妙装饰上多种花卉盆栽。巧用基台可让多个盆栽的布局更均衡，整体外观更立体。将小花盆置于桶形大盆之上也是不错的设计。由于所用花盆均为赤陶盆，使得整体风格较为统一，最前方的天鹅花盆更添可爱气息。

97

● 在阳光无法直射到的房屋背阴处点缀一个绿叶植物的混栽盆栽。其中的条纹矾根叶让人不由得眼前一亮。挂于后架上的吊篮及鸟笼营造出立体效果，而旁边的小狗饰物也与周围环境十分相称，整体设计颇具都会风情。

适于背阴处的盆栽园艺

即使在低日照场所也可享受盆栽园艺的乐趣。由于花盆便于移动，我们可在植株生长期时将其置于日照充足之处，而在开花时将其移至背阴或半背阴处来观赏。

即便花盆无法移动，也可栽种一些适于低日照环境的植物。多数绿叶植物及山野草都喜欢半背阴的环境，还有很多植物适于在低日照条件下观赏。因此，我们可利用这些植物将背阴处打造成一个既雅致又耐人玩味的绿意角。

●葱茏绿意从浅褐色高脚花盆中喷薄而出，整体设计颇具豪华感。无论是古铜色叶片，还是各种深浅不同、造型各异的绿叶都极具观赏性。将此混栽盆栽置于门口或露台，能极大提升住宅的存在感。

●在材质轻巧、造型有趣的花盆中长出的"小森林"。各种景天类多肉植物造型各异，在白沙的衬托下更显苍翠，该设计堪称高效利用现有空间的典范! 此盆栽无须太多打理，是忙碌现代人的首选。小小一只盆栽便充分体现出创作者的意图，远观之下乐趣无穷。

●放于东向门旁的圣诞玫瑰盆栽。由于圣诞玫瑰喜欢如落叶树下等半背阴环境，所以此处再合适不过。其形如花朵的花萼能在冬季时带给人如花般的美感，可作为绿叶植物长久观赏。

●日本备前烧风格的花盆中种有木贼及各种杂草，与点缀其间的石块营造出盆景般的简约美感。此盆栽能给甬路等处带来恬静、安详之感，适于装点时尚的日式及西式住宅。

吊篮的妙处

　　浮于空中的曼妙花姿不同于地面上的盆栽，显得别具一格。种于容器上部及侧面的繁茂花草能充分遮住容器，构成一个异常华美的花卉饰品。

　　虽然 Hanging Basket 的直译是"吊挂的篮子"，但也有壁挂型吊篮。同时，壁挂型花盆的用法也与吊篮相同。此外，手工编制的万年藤吊篮更具特色。

上图●用花卉吊篮美化栅栏界墙。数种浅紫色系的矮牵牛花配以白色小花及银叶植物，不同花形及叶色显得丰富多彩，而垂于容器下方的卷曲花茎还巧妙遮住了篮体。

右图●混栽有多种花卉及彩叶植物的吊篮，其华美中透着沉静，大气中不失和谐。篮中的非洲雏菊、蓝扇子花、蔓长春花及黄金钱草等争奇斗艳、分外妖娆。

●在蓝紫色及紫红色矮牵牛花的吊篮中点缀着黑紫色三色紫罗兰、浅紫色同瓣花等小花，形成了浓淡相宜的紫色调，另加入的银叶植物也让整体外观更丰满。

●开满杂色菊、金盏花及小朵矮牵牛等花卉的吊篮最适于装饰日照充足且易干燥的场所。由于花色呈现出奶油白、黄色、褐色的渐变效果，尽管花量十足却颇具恬静气息。

左图●红色小花矮牵牛与浅粉色鹅河菊搭配 Boulevard 针叶树及瓜叶菊等个性化彩叶植物，整体外观颇为典雅，尤其是垂于吊篮底部的黄金钱草使其造型宛若捧花。

右图●巧用藤蔓做成的有趣吊篮，其主要花卉为凤仙花。底部的圆形基台用以放花盆，而绕于花盆的藤架仿佛装饰框一样，显得别具一格。

●将花坛与凉亭巧妙组合在一起，其中的吊篮既能弥补花坛有限的种植空间，又起到一定的遮蔽作用。在凉亭右部的蔓生蔷薇变得枝繁叶茂之前，先点缀几个矮牵牛花及山梗菜的盆栽。同时，悬于右边白色拱门上的花草及小饰物也十分可爱。

●用三色紫罗兰及迷你羽衣甘蓝的吊篮美化住宅外墙。生有直立花茎的迷你羽衣甘蓝与三色紫罗兰的色调淡雅而朦胧，与外墙颜色十分协调，给整体外观营造出柔美气息。

用吊篮美化庭院

单个吊篮的装饰效果十分出众，如能与庭院其他植物巧妙组合在一起则更显华美。

虽然花色喜好因人而异，但最好控制在3种以内，可尝试粉色系、蓝色系等相同色系的渐变色组合或不同的浅色系组合。如此一来，吊篮就不单单是个悬挂物，而成为周围环境中不可分割的一部分。

●修建于有限空间的凉亭，手工制作的横梁兼具花台功能，梁上安有可悬挂吊篮的挂钩。放于花台上的数个盆栽与盾状天竺葵及三色紫罗兰的吊篮相映成趣，让小小庭院显得颇具生气。

● 为弱化砖墙处水阀的乏
味感，可用同样的红砖将
其美化一新，并在周围修
起一圈小花坛。同时，贴
墙放置的栅栏上装饰着大
型吊篮，其间怒放的三色
紫罗兰及三色堇极富韵律
美感。

用吊篮制作混栽盆栽

为有效利用建筑物及围墙的墙面进行立体化的花卉装饰，吊桶与吊篮就显得必不可少。

在此，以市售的金属篮为例，讲解一下用吊篮栽种植物的基本方法。

● 所需材料

| 金属吊篮 |
| 裁好的塑料布 |
| 2 株凤仙花 |
| 2 株蝴蝶草 Summer Wave |
| 2 株常春藤 |
| 4 株锦紫苏 Southern Wind |

1 将裁好的塑料布铺在金属篮内，然后放入少量花土。

3 将植株根部顺筐眼儿插入篮内（上左图），当确定根部安放妥当时可撤掉包装。

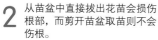
从苗盆中直接拔出花苗会损伤根部，而剪开苗盆取苗则不会伤根。

2

4 如果植株根冠较大无法通过筐眼儿时，可用纸将地上部包紧。

裁剪塑料布的方法

平面图

金属篮的宽度

a

b

b×1.5 左右

上部留余

金属篮的高度

兜底部分

a+6cm

铺好塑料布的俯瞰图

铺塑料布时可重叠

将做出切口的塑料布铺在金属篮内。

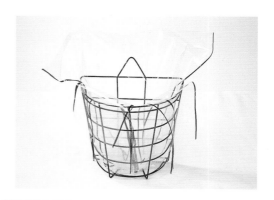

5 将纸包裹的地上部植株从篮中顺筐眼儿伸出，完成后撤掉纸即可。

6 轻轻揉碎根土中的硬块，同时展开根部以使其在栽种后更易伸展。

7 第一阶段种植完成后，从上方添加花土并轻轻压实。然后用同样方法给侧面种上植株。

8 接着，在吊篮上部植入花苗。

9 对于篮子边角等难以填土的地方，可用笔或小木棍辅助添加。切勿过度压实花土，否则土质会变硬。

10 给花土表面铺上山苔藓，它既有美化作用又能防止干燥。

11 当植株较小时，塑料布会比较显眼，因此可将山苔藓填充在塑料袋与金属篮之间。

12 最后，给篮底部塑料布打5~6个孔洞以让植株排水。

环绕身边的绿意让人备感幸福！
适于窗边、露台及室内的园艺

即便没有庭院，也可在窗边、露台和室内享受植物带来的乐趣。

身边的点点绿意能让心情更加平和、淡然。

这些可爱的植物不仅能净化空气，还具有抗疲劳、降血压的功效。

那么，就用植物尽情装点我们的生活吧！

右图●数个盆栽借助棚架在狭窄露台内实现了立体化装饰，由此便打造出一个花团锦簇的盆栽园艺作品。4层阶梯式的盆栽极具层次感，而点缀其间的小兔饰物也颇有童趣。

左图●无论是上方的花草吊篮，还是缠绕于可拆装式斜条栅栏上的白麻，以及中间的壶形花盆都起到了极佳的立体装饰效果，从而极大弱化了现有空间的狭窄感。

如今身边的自然景致在逐年减少，因此旨在为生活重拾绿意的园艺工作就显得极具有现意义。

如果您住在房屋密集的小区里，无法进行庭院园艺，那就可以在窗边、露台及室内进行园艺。开始时无须选择华丽的花卉盆栽或大型植物，可先在露台上摆一两盆观叶植物，或者在桌边、窗边放几个小盆栽。如有足够空间，还可借助一些小桌椅来打造出绿意葱茏的空间。这些植物能极大提升室内外环境的美观度，营造出舒缓氛围。

在窗边或露台栽种植物时需根据日照条件来选择品种，而室内种植最好采用能保持环境整洁的水培法。

● 建于东向露台的玫瑰园。种于盆中的蔓生蔷薇爬满中空型拱门及斜条栅栏，真是美不胜收！如能在此品茗赏花，再别无他求！

●在宽敞露台上放上棚架、木制车轮等物，再用吊桶营造出高度差，同时随意摆放一些盆栽，
打造出五彩缤纷、热情洋溢的田园风情。

将露台变成花园

　　可将庭院或屋顶露台打造成漂亮的园艺角。既可保留原有
的水泥地面，也可自己动手铺上砖块或瓷砖，还可用枕木在庭
院露台上营造出木甲板风格。

　　露台上能集中摆放多种盆栽，可利用棚架及台座等进行立
体化装饰。如摆上喜欢的桌椅，这里就成了一个惬意的休闲角。

●颇花心思的露台一角。赤陶盆中的黄、粉花草
极为显眼，后方灌木巧妙营造出高度。附带盆垫
的大小盆栽上缀满各种绿叶植物，而其间的大理
石雕塑则让氛围更显雅致。

●在二楼露台上设计的盆栽园艺。遮阳凉亭可供蔓生蔷薇攀附生长，地上的蔷薇及紫萼盆栽错落有致，宛如一体。向阳处的蔷薇与远处的山野草相映成趣，让整体氛围更显优雅。

●尽管狭窄却十分惬意的日光房。围绕桌椅的美丽花草，让人备感愉悦。无论空气还是阳光都让人身心为之一振，品上一盏佳茗，更觉怡然自得。

在露台栽种花卉与绿叶植物

一般而言，露台的日照及通风都很好，适于进行园艺。不过，夏季的酷暑难免损伤植物，所以切勿将花盆直接放在地上，同时需注意植株保水。

露台栏杆可装饰吊篮，为防止发生意外，请一定将其吊于露台内侧。如果露台安有空调机箱，切勿在通风口附近摆放植物。

●用折鹤兰等绿叶植物盆栽将露台一角美化一新，置于扶墙上的垂枝植物更添绿意。酷暑时不可让花盆直接接触地面，需垫在砖块等物之上。

●置于露台墙面处的伸缩式棚架外摆满了各色盆栽，通过巧妙设计盆栽高度而起到了极佳的遮蔽效果。同时，里侧棚架上的吊桶则进一步提升了空间利用率。

右图●将公寓露台打造成室外客厅。为有效利用低日照的狭小空间，可用木罩将空调机箱美化成花台，并紧贴墙面放置间隔板，并装饰上吊篮。使用空调时，把盆栽从通风口处移走即可。

●水泥墙面的常春藤、蔓长春花、芦笋及五彩芋等多种观叶植物将此处打造成了一个生机勃勃的花园。如果空间较狭窄，最好选择枝条伸展有限的植物。同时，需谨防悬挂物从露台外墙坠落。

●硕大的壶形花盆让人过目不忘。置于其上的观叶植物盆栽形态各异，成簇垂落的折鹤兰也分外茂盛。尽管植物数量有限，特色化的园艺饰物却让此处显得别有神韵。

●两飘窗夹一角的开放型起居室。由于透过飘窗的光线十分柔和，在此摆放观叶植物最适合不过。如高株的发财树、芦笋及龙血树等能营造出清新氛围。

●将条纹型常春藤及条纹型朱蕉的混栽盆栽放入竹篮，然后将其装饰于窗边。同时在小玻璃容器中放入小型绿色植物，下方的蕾丝桌布让整体外观更匀称。整个花艺为窗边烘托出明亮、整洁的氛围。

●置于精致木箱中的石柑子盆栽，从箱中涌出的苍翠绿叶显得生机勃勃。它最适于装饰无直射光的门旁或起居室。为长期保持其优雅姿态，需及时修剪过长枝条及损伤的叶片。

适于室内的园艺

在室内栽种观赏植物，一定要选择耐阴性强且能生长于低日照环境的品种，很多"观叶植物"都具备这种特性。飘窗的采光性要优于普通窗户，所以较适合摆放植物。不过，很多观叶植物都不喜日光直射，挂上纱帘能让光线变得柔和。

●有"室内植物女王"之称的非洲紫罗兰是最适于室内栽种的花卉，光线柔和且室温为18℃～25℃的环境最适宜它生长。用室内玻璃暖房可实现集中种植，并营造出繁花似锦的景象。

●光线柔和的纱帘旁最适于摆放观叶植物，将外观简洁的书架变成绿叶植物观赏架。上层的石柑子等蔓生植物枝条弯卷、楚楚动人，中层的仙人掌等多肉植物形态各异、十分可爱，整体外观颇具异国风情。

多肉植物的妙处

　　长于干燥地区的景天类植物、芦荟及龙头海棠等多肉植物的叶、茎的蓄水能力很强。为防止水分蒸发，很多植物的叶片已退化成如仙人掌般的尖刺，所以仅需极少水分就能生长。

　　多肉植物种类繁多、形态各异。精心挑选花盆，能让种植过程更具乐趣。多肉植物适于摆在露台或明亮的窗边，只要是防雨、有适度日照且通风良好的地方均适于它们生长。

●将数个叶色及形态各异的多肉植物分别种在小巧的赤陶盆中，再将这些盆栽集中放于附带拎手的铁框中。整个设计充分突显出不同植株的个性，其便于移动的特点也让人赞不绝口。

●多肉植物种类丰富、外形可爱，将数个喜爱的品种摆在一起则更为有趣。如果收入的品种过多，可将其摆在专用架子上。在高低错落的盆栽中点缀几个长颈鹿及大象饰品，巧妙营造出非洲草原风情。

●种于马口铁桶里的草玉露晶莹欲滴，需全年放于明亮的背阴处。

●名为"锦司晃"的拟石莲花的叶片形如蔷薇，十分漂亮，可将其分别种于不同造型的容器中。

●生有细密白色绒毛的嫩绿色植物为拟石莲花的近缘。

●形如仙人掌且生有尖刺的大戟属植物红彩阁。当日照充足时，其红色尖刺会格外醒目。

上图●嫩绿可人、晶莹透亮的草玉露。

左上●外形足以吸引人眼球的仙人笔。

左下●外侧绿中泛红、内侧绿意淡染的拟石莲花。

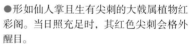

115

多肉植物的混栽

左图●用古董椅形的容器做成的混栽。狭小的椅面空间内密植着多种微型多肉植物。正因为它们生长缓慢，才能带来如此乐趣。

下图●打开古旧宝箱的瞬间，意想不到的可爱"宝物"一下涌入眼帘。由仙人球、景天科植物及翡翠珠等组成的混栽造型精巧、意趣盎然。

多肉植物叶形多样、叶色丰富，当熟练掌握了单体栽种方法后，便可尝试多种植物的混栽。混栽能充分烘托出不同植株的独特美感，打造出一个多变又富于个性的多肉植物世界。混栽的操作要点就是要将品性相近的植株组合在一起，同时要选择那些较易种植的品种。

●在古旧马口铁喷壶及船形容器中种有数种多肉植物。栽种时按基本要领操作，将高株植物种在中远处或后方，中心处放入形态丰满的植株，近处用小植株镶边及营造垂度。该作品突显出独一无二的家居风格，仿佛让人置身于一个无比奇妙的世界中。

适于窗边、露台及室内的园艺

● 设置于露台上的多肉植物混栽。近处的龙舌兰盆栽与青铜色植物的混栽及红叶尖的景天搭配得十分协调，随意伸展的景天让整体外观更具动感。

适于室内及露台栽种的
花卉与绿叶植物

温暖室内最适于种植耐寒性较弱的花草、洋兰的近缘花卉及热带观叶植物等。

不过室内光照毕竟有限，需将盆栽置于窗边等明亮场所。

当室内使用空调时，需不时喷水以给植株保湿。

↑→ 秋海棠【秋海棠科】

常绿型多年生草本植物。冬季时的最低生长温度需保持在 10℃ 左右，适于种在无直射日光的明亮背阴处。适于种在混有腐叶土及堆肥的透水性好的肥沃土壤中，同时注意保水。因其喜欢肥料，可添加一些骨粉等。花期：全年

↓ 仙客来【报春花科】

冬绿型球根植物，如条件适宜可四季常绿。适于种在混有赤玉土及腐叶土的透水性好的土壤中，并将其置于光照充足的窗边。在温暖地区，该植物可于户外越冬。移栽时切勿伤根，可在叶间施肥。花期：12~4 月

↓ 非洲紫罗兰【苦苣苔科】

常绿型多年生草本植物。适于种在混有蛭石的透水性好的土壤中，并置于明亮背阴处。其最低生长温度要保持在 10℃ 以上，夏季时应使植株处于凉爽环境中。因其喜欢高湿环境，放入玻璃水槽或专用容器中种植更佳。花期：全年

↑ 海豚花
【苦苣苔科】

常绿型一次结实多年生草本植物（开花结籽后就会枯萎）。适于种在混有赤玉土及腐叶土的透水性好的土壤中，并置于明亮背阴处。也可选用圣保罗堇的用土，冬季的最低生长温度需保持在 10℃ 左右。花期：全年

→ 一品红
【大戟科】
常绿型小型乔木，冬季时的最低生长温度要保持在 10℃以上，应使植株尽可能多的接受日照。为使叶片上色，可如蟹爪兰一样接受短日照处理，同时注意植株保水。由于该植物的树液会引发炎症，一旦接触需立即用水洗净。观赏期：12~2 月

← 白蝴蝶兰
【兰科】
因其耐寒性较弱，最低生长温度需保持在 15℃。适于种在通风性好的背阴处。既可种在放有木屑或碎椰壳的小盆中，也可种在刺桫椤或木排上。如想馈赠亲友需提前移栽。花期：不定（多为夏季）

→ 迷你洋兰【兰科】
将洋兰与其近缘品种杂交的小型品种统称为"迷你洋兰"。适于种在木屑或碎椰壳中，并置于通风良好的明亮背阴处，栽苗时可用泥炭藓。虽然生长条件因品种而异，但最低生长温度均需保持在 10℃。花期：10~3 月

↓ 密花石斛【兰科】
形似白蝴蝶兰的石斛属花卉。因其耐寒性较弱，最低生长温度需保持在 15℃，适于明亮的背阴环境。既可种在木屑或碎椰壳中，也可种在刺桫椤或木排上。花期：不定（多为夏季）

↑ 三尖兰【兰科】
多数品种不耐暑热，当温度超过 25℃以上时，需将其移至空调房内。也有比较结实的耐高温品种。可用椰壳渣或泥炭藓栽植，并置于通风好的明亮背阴处。该植物最怕缺水，冬季时的最低生长温度需保持在 10℃以上。花期：不定（多为冬季）

← 兰花【兰科】
在日本关东南部以西的平原地区，小型园艺品种可在户外越冬，但多数品种在冬季时需移入室内，保证其最低生长温度为 7℃~8℃。适于种在木屑或碎椰壳中，并置于通风良好的明亮背阴处。该植物有专用花土，因其喜欢肥料，可添加一些骨粉或油渣等。花期：2~5 月

→ 红掌花
【天南星科】

常绿型多年生草本植物。适于种在混有赤玉土及腐叶土的透水性好的土壤中，并置于明亮背阴处。因其喜欢肥料，可添加一些骨粉及油渣等。最常见的 Andraeanum 种的花朵十分漂亮，而叶形出众的 Clarinervium 种也有上市。冬季时的最低生长温度需保持在 10℃以上。

← 香龙血树
【龙舌兰科】

常绿型乔木。适于种在混有腐叶土及堆肥的透水性好的肥沃土壤中。较喜日照，也适于明亮的背阴环境。其广为人知的名称为"幸福之树"。冬季时如能保证 10℃的最低生长温度则无大碍。

↓ 发财树【木棉科】

常绿型乔木，其种子被称为"马拉巴栗"，可食用。适于种在混有腐叶土及堆肥的透水性好的肥沃土壤中。较喜日照，如作为观叶植物时也可置于明亮背阴处。冬季时需移入室内，如能保证 7℃~8℃的最低生长温度即可越冬。

↑ 裂叶喜林芋【天南星科】

常绿型灌木。适于种在混有腐叶土及堆肥的透水性好的肥沃土壤中，最好置于明亮背阴处。与其极为相似的杂交品种 Kookaburra 外形较小，更易于打理。冬季时应将其移入室内，如能保证 7℃~8℃的最低生长温度则无大碍。图上右前为刺桫椤。

↑ 网纹草【爵床科】

常绿型多年生草本植物。适于种在混有堆肥的草花用土中，并置于明亮背阴处。还有生有粉色花纹的红色网纹草。如能保证 10℃的最低生长温度则可平安越冬。

↑ 鸟巢蕨【铁角蕨科】

常绿型多年生草本植物。适于种在混有赤玉土及腐叶土的透水性好的土壤中，并置于明亮背阴处。同时，不适于极端干燥环境。如能保证 10℃的最低生长温度即可越冬。

适于室内种植的仙人掌与多肉植物

↑ 虹之玉（景天）【景天科】
常绿型多年生草本植物。适于种在透水性好的土壤中，并置于向阳处。如生长形态不规则时，可通过插枝规整外形。虽然植株叶片易落，但将落叶置于土壤中会很快发芽并长成新植株。冬季需移入室内，最低生长温度需保持在 5℃。

↑ 仙人掌类【仙人掌科】
常绿型植物，小到多年生草本植物、大到乔木的品种都有。具体栽培方法因品种而异，在园艺商店常见的扇形仙人掌及仙人球较适合盆栽，可选用透水性好的土壤并置于向阳处。冬季的最低生长温度需保持在 5℃。

↑ 翡翠珠【菊科】
蔓生常绿型多年生草本植物，匍匐生长。适于种在透水性好的土壤中。适当插枝易于植株更新。还有叶片呈月牙形的"月牙珠"。冬季需移入室内，最低生长温度需保持在 5℃。

↓ 火祭
【景天科】
常绿型多年生草本植物。适于种在混有赤玉土及鹿沼土的透水性好的土壤中，最好用深盆栽种。生有"叶窗"的玉扇、万象及酢浆草为该植物的近缘。上述植物适于生长在明亮背阴处。冬季需将植株移入室内，最低生长温度需保持在 5℃。

← 铁海棠（虎刺梅）【大戟科】
虽为落叶型灌木，如生长条件适宜也可四季常青。适于种在混有赤玉土的透水性好的土壤中，最好用深盆栽种并置于向阳处。因其树液会引发炎症，一旦接触需立即用水洗净。冬季的最低生长温度需保持在 15℃，如达不到此温度时可停止浇水以使其休眠。

↑ 墨小锥
【番杏科】
形似生石花的多肉植物，其表面生有的花纹非常漂亮。常于冬季生长而于夏季休眠。肉锥属植物种类丰富且形态多样，非常可爱。

↑ 生石花
【番杏科】
碧绿的生石花，表面生有通透的"叶窗"。秋季至冬季为生长期，初夏时脱皮并长出新叶。常于夏季休眠。

← 莲花掌
Sunburst【景天科】
常绿型灌木。适于种在混有赤玉土的透水性好的土壤中，最好用深盆栽种并置于向阳处。秋季至春季为生长期，夏季休眠。冬季需移入室内，最低生长温度需保持在 5℃。不过在日本关东南部以西的平原地区，该植物可在户外越冬。

室内绿叶植物的培植要点

任何植物都来自于自然界，观叶植物也不例外。
虽说此类植物的室内环境适应性要优于其他植物，但如不使其多接触自然环境，也无法让植株
长期保持良好的生长状态。

　　观叶植物作为一种独特的室内装饰品而深受很多家庭喜爱。绿叶不仅可以舒缓心灵、净化室内空气，还能产生负氧离子以起
到缓解疲劳的作用。

　　当然，前提是绿叶植物必须保持良好的生长状态。一旦日常培植方法不当，植株生长就会受到影响，以致外观走样，最严重
时整个植株都会萎蔫。为使观叶植物能长久苗壮生长，在此介绍一下日常培植要点以及受伤植株的护理方法。

四季管理

放置环境的日照及温度尤为重要

　　由于日照及温度条件因季节而异，所以在不同季节需根据植株的生长状态来选择最佳的放置场所。

　　春　以日本关东地区为例，4 月中旬至 5 月的气温在 16℃~22℃且日照也不强，是一年中气候最适宜的时期。此时，很多在冬
季休眠的观叶植物都逐渐进入生长期。进入 5 月后，可让这些植物逐渐适应户外的空气及日照，然后将其移栽到室外。同时，对
于不喜直射光的植物需进行遮光处理。

　　夏　梅雨季一过，日照陡然增强。即便是喜直射光的盆栽植物，叶片也容易被晒伤，所以应避免强夕照。同时还应避免把植物
长期置于 30℃以上的高温环境中，因为这样容易造成植株疲劳。

　　秋　一进入 9 月下旬，夜晚气温开始逐渐下降，因酷暑而疲乏的植株又重新焕发出生机，其根部状态也越发活跃。一到 10 月，
即可撤去喜光植物的遮光设施，以使其充分接受日照。

　　冬　进入 11 月后，需将植物移入室内。即便是耐寒性强的植株也不堪霜打，所以需多加注意。应将植株置于挂有纱帘的光线
充足的窗边，直到来年 4 月。如能保证凌晨时的最低温度在 7℃以上，大部分植物均可安然越冬。

受伤植株的护理

冻伤的植株

　　室内绿叶植物出现伤情的原因很多，具体有以下几种：①延误移栽以致根部板结；②日照不足；③直射日光晒伤叶片；④干燥、
高湿引起的烂根；⑤冬季温度过低等等。

对于叶尖伤损的朱蕉，可剪去难看的部分，保留健康的部分。

对于冻伤的白鹤芋叶，可从根部附近剪去伤损叶片，然后等待长新叶。

对于龙血树、橡胶树等大叶型绿叶植物，需时常用湿软布擦拭叶片上的污渍。

喜林芋的植株更新及插枝再生

1 3年未进行剪枝的喜林芋吊篮，其藤蔓过长、外观不整。

2 如放置不管，植株底部很难长出新枝叶，所以首先要将蔓枝剪至盆边处。

3 剪枝后的状态。在被剪短的花茎下方，又长出几根新枝，再过2~3个月就可长成一盆外观紧凑的茂盛植株。

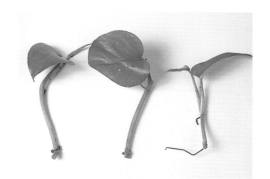

4 将剪取的枝叶逐节分开，用作插穗。

5 将插穗插入蛭石的插床中，适量浇水并置于无风的半背阴处，1~2周后即可长根，不久后便能长成新苗。

　　上述情况分别会引起以下症状：①掉叶及叶周泛黄；②细枝摇摇欲坠且下叶脱落；③叶中部变黄、枯萎；④生长停顿，枝叶开始枯萎；⑤冬季掉叶等等。其实，多种因素叠加而导致的伤情也很常见。

　　不过，我们不应放弃那些受伤或外观走样的植株，用以下护理方法即可使它们重焕生机。

修整伤损枝叶　应及时剪掉变黄、枯萎的叶片。如仅有叶尖受伤，可剪去变黄的叶尖而保留其余健康部分。如铁线蕨等植物的地上部植株伤损严重时，可从根部附近砍去全部植株，使其长出新叶来更新植株。

剪去过度伸展的枝条　对于垂叶榕等易有枯枝的植株，可从健康枝干上砍去枯枝及枯树干。如果健康植株的枝条伸展过度以致影响外观，也可砍去多余枝条。如放置不管，这些枝条会影响其他枝条的生长，并最终破坏整个植株的外观。

移栽受伤的植株　对于被冻伤或因延误移栽以致根部板结的植株，其根部极易腐烂，应尽早移栽。移栽可选在4~9月进行，操作时从盆中拔出植株后，轻轻抖落盆底及根周围的旧土，切掉伤损发黑的根，并根据根盘大小修剪掉那些过长的根。由于剪根会使植株的吸水量陡然下降，所以需根据剪根情况来适当修剪地上部植株。修剪完成后，将植株移入新的花土中，之后无须施肥直到长出新芽和新叶。

多肉植物的栽种方法

也许很多人认为多肉植物十分结实，即便不浇水也不会枯萎。
的确，有些个别品种即使半年不浇水也能正常生长。
不过，多数多肉植物都很敏感，这一点需谨记。
只有给予它们更为精心地护理，这些可爱的植物才会茁壮生长。

了解多肉植物的生长地

多数多肉植物及仙人掌的原生地都是气候干燥的沙漠或岩石地区。由于这些地区有雨季和旱季，所以这些植物会在雨季时充分吸收水分并储存在体内以备旱季使用。正是体内的蓄水机制使得它们在长期无雨的环境中依旧能生长。因此这些植物都具有超强的耐旱性，而潮湿盆土反而会导致烂根。

多肉植物的基本栽种要点就是选择透水性好的土壤，将其置于日照及通风良好的场所，同时需注意不要多浇水。对于多肉植物而言，忘浇水无甚大碍而多浇水则会导致植株枯黄。不过，适量浇水也是必要的。我们应根据不同植物的生长期及休眠期来适时调整浇水频率。

多数多肉植物生长缓慢，2~3 年进行一次移栽即可。施肥时仅需在生长初期施加极少量肥料即可。

混栽多肉植物极富于乐趣，不过切勿将夏型种与冬型种种在一起，而应选择习性相似的植物。

了解多肉植物的生长类型

有些多肉植物生长在一年中多数时候无雨而在某个季节暴雨成灾的地区，还有些植物能在无雨时依靠晨雾中的水分生长。因此，不同的生长地导致多肉植物的习性不一，我们应根据具体品种来选择适宜的栽种方法。

虽然多肉植物品性多样，但其生长类型大致可分为 3 种。具体包括从春至秋生长而在冬季休眠的"夏型种"、从秋至冬生长而在夏季停止生长的"冬型种"以及不耐酷暑严寒而在春秋两季生长的"春秋型种"。虽然个别品种稍有差异，但多数多肉植物都隶属于这 3 种类型。如能根据具体生长类型选择合适的栽种方法，一定能成功栽种多肉植物。

多肉植物的魅力之一就是能在狭小空间同时种植数个品种。我们应根据不同品种来分别进行管理。

夏型种的栽培

4~9 月为生长期，植株在此时开花、结果、增株。需将生长期的植株置于通风良好之处，如盆土表面干燥可在 2~3 天后充分浇一次水。移栽适于在生长期开始前的 3 月份进行。

冬季时需严控浇水量，以使植株休眠。虽然具体情况因品种而异，但一个月浇一次水足矣。同时应尽可能将植物移入室内，如能保证最低 5℃左右的生长温度便无大碍。不过，也有很多品种可在室外安然越冬。

① 在6~8月即停止给冬型种浇水以使其休眠。无须担心植株表面干枯，内部会长出新叶。

② 当秋季再次开始浇水时，新叶便会吸水胀起。

夏季的放置场所。任何品种在酷暑时都应放于通风良好的阴凉处，可遮雨的露台最佳。

夏型种 龙舌兰、芦荟、鲨鱼掌、伽蓝菜、青锁龙、风车草、银波锦、仙人掌、景天、星美人、棒槌树、金枝玉叶、大戟等。

冬型种 莲花掌、神风玉、肉锥花、长生花、刺铃、鳞芹、草胡椒、生石花等。

春秋型种 天锦章、拟石莲花、千里光、吊灯花、蛇尾兰等。

此外，很多夏型种都不适于酷夏高温高湿的气候，在7~8月时应将其移至可遮雨的阴凉处，并注意防止植株干燥。

冬型种的栽培

生长期为9月至次年4月左右，常于春季或秋季开花。应尽量将其置于有日照的地方，如盆土表面干燥可在2~3天后充分浇一次水。虽然很多品种的耐寒性较强，但也不可受冻，需在冬季夜晚将其移入室内。如窗边有直射光，白天可将植株放于室内窗边。需在9~10月进行移栽。

夏季时将植株放于通风良好的阴凉处可使其休眠，此时无须浇水或最多一个月浇一次水。很多品种不适于高温高湿的环境，夏季浇水会引发烂根，因此切勿使其淋雨。尽管它们外表较为干枯，秋季一浇水就能重新恢复活力。

春秋型种的栽培

此类品种的耐热性及耐寒性都比较弱，生长期仅为春、秋两季，夏、冬时节严控浇水量即可使其休眠。春、秋两季的管理分别与夏型种、冬型种相同。

冬季的放置场所。白天可将冬型种移到日照充足的户外，夜晚移入室内。放于室内时，应选择日照充足的窗边。

很多品种均可插芽再生。将剪断的枝条放于通风良好的背阴处即可生根，之后便可栽种。

尽享小型园艺的乐趣

您可能认为园艺是由专业园艺师亲手设计并完成的作品。

其实，很多园艺爱好者的作品往往具有不同于专业人士的独特性。那么，就让我们小试牛刀吧！

准备工作

"园艺"一词所涵盖的内容十分宽泛，包括设计、美化庭院以及在庭院栽种植物等多种作业。
因为是个人专属庭院，所以可按喜好随意进行园艺设计。
不过，要想打造出漂亮的庭院，必须先掌握一些基本知识。

"Gardening"与"园艺"之间有何不同

Gardening一词在十几年前开始流行于日本。当时，英式花园初露头角，采用日式庭院极少使用的五色花草打造西式庭院一时间成为主流，于是Gardening一词也逐渐被广泛使用了。

Gardening一词的本意是"建造庭院"，进一步说就是在建造庭院的过程中加入某些有趣的"园艺"要素，使之成为一种涵盖面较广的"庭院相关作业"。用自己的设计理念对整个庭院进行合理栽种规划，这不正是园艺的乐趣所在吗？

不过，有些人仅仅因为爱好园艺便将所有空间都种满植物，至于他是否真正享受到了园艺的乐趣，我们不得而知。

巧用空间、物尽其用

园艺绝非一项高难度作业，关键是要巧妙利用自家空地来进行美化设计（如果工程规模较大也可委托给专业人士）。

进行栽种规划时，最重要的就是充分认识现有环境，放弃不合理的栽种规划。当自己喜欢的植物不适于周围环境时便无法茁壮生长，即使花再多功夫也无济于事。

●选择适合当地气候条件的植物

由于不同植物的生长地气候不同，导致了它们不耐寒或者不耐旱。一般而言，原产于热带和亚热带的植物在无霜地区之外的地区，如不加设防寒设施是无法露天种植的。另外，原产于欧洲的喜凉植物不适于夏季高温高湿的气候，越夏生长也十分艰难。

尤其在选择庭院植物时，首先要查找相关书籍来确认该植物是否能在当地的气候条件下生长。近年来，很多新型植物品种不断出现，即便它们能在2~3年内勉强平安越冬也不可掉以轻心。一旦遭遇数年不遇的严寒，这些植物就很可能枯死。例如，近年在东京等地常见的花木——多花决明（又称"安第斯姑娘"）就属于这种情况。

如想长期种植，最好选择邻家庭院里常年栽种的植物。

●选择适合现有空间的植物

例如，选购庭院树苗时，首先应考虑到成树外观大小与现有空间的情况。与庭院种植相比，盆栽可通过限制根部伸展来抑制植株生长，但也限于一定范围内。

●充分考虑日照条件及干燥度

日照对于植株生长至关重要，本书对此另有详述（P129~P130）。庭院种植时，良好的透水性也是重要条件之一，而多度干燥也无益于植株生长。例如，遮风挡雨的房檐下常处于干燥状态，并不适于一般花草生长，而多数耐旱性强的多肉植物只要有日照就能茁壮生长。因此，我们要因地、因材种植。

简单易学的盆栽园艺

对于初次尝试园艺的人而言，最好选择使用花盆或条盆的盆栽园艺。其理由有以下几点：

用各种香草将外墙前的狭小空间打造成绿意角。地面植物与盆栽植物的巧妙组合，显得独具匠心，多口花盆及花架营造的不同高度让外观更富于变化性。

❶ 花材用量有限

　　制作花坛需耗费大量花苗及球根植物，而盆栽仅需一株花苗或一个球根即可。

❷ 利于掌握浇水及其他日常护理方法

　　种于庭院的植物几乎无须任何打理，而盆栽植物的浇水及施肥情况则能一目了然。

　　如果初学者想掌握浇水及施肥的基本方法，选择盆栽最适合不过。

❸ 利于近处观察，了解植物的习性

　　置于窗边及露台的花盆、条盆盆栽十分便于我们观察植株，要比直接种在庭院里能更清楚地了解到植株的生长及打苞过程。

　　当掌握了盆栽植物的栽培及管理方法后，便可尝试使用吊篮等器形打造园艺作品。

根据栽种环境及目的
选择植物

植物是生长于不同环境的生物，有喜热、喜寒、喜阳、喜阴、喜湿、喜旱之分。要实现合理栽种，首先要了解植物的习性，然后选择适宜的栽种环境。

了解植物的生长环境

我的一位朋友从花店买来漂亮的波罗尼花，然后摆在桌上并定期浇水，但不久之后花朵还是枯萎了。我认为导致花朵枯萎的主要原因是日照不足。

植物生长、开花的最重要因素就是"温度""日照"和"水分"。

于低日照空间修建小花坛。地面种满适于背阴环境的勿忘我，利用棚架及工艺铁柱以提升高度，从而使花草获得更多日照，同时还益于蔓生蔷薇攀附生长。

● 不选择温度条件不适宜的植物

常见植物的最佳生长温度一般为15℃~25℃，对于枝叶繁茂的树木而言，这个范围会更宽一些，一般为5℃~30℃。不过，由于不同植物受原产地气候的影响，它们对温度的敏感性也各不相同，所以请尽量选择那些适于当地气候的植物。尤其对庭院种植而言，我们不能只顾及个人喜好而勉强将热带和亚热带植物种在寒冷地区，因为植物只有在适宜温度下才能茁壮生长。

室内种植也是如此，如果选择了不合气候的植物，打理起来会非常麻烦。例如，将不耐寒的植株移入室内越冬时，即使空调温度适宜，直接接触暖风也会破坏叶片蒸腾作用与根部吸水之间的平衡，以致植株枯黄。因此，室内植株应避免直接接触冷、暖风。

● 根据日照情况选择植物

如前所述，栽种植物的最重要因素就是日照。植物通过光照将二氧化碳和水转化成碳水化合物并释放出氧气。只有接受日照，植物才能生长，所以长期无日照的植物会慢慢衰弱并最终枯死。

但是，这并不意味着所有植物都适于长时接受直射光。由于不同植物的生长环境不同，它们适于日照的情况也不尽相同。如向日葵、鼠尾草、万寿菊、草杜鹃等适于种在日照充足之处，而凤仙花、紫萼、圣诞玫瑰等适于种在明亮背阴处，因为夏日强光会晒伤叶片。所以，购买植物时应在充分了解庭院的日照情况后再做选择。

●植物与水

我们一般于冬季对蔓生蔷薇进行剪枝及引枝。也许有人觉得开春后操作会更轻松，然而这项作业只能选在植株生长缓慢的冬季进行，尽管天寒地冻，为能尽赏花容也需咬牙完成此项作业。那么，如选在春季剪枝后果会如何呢？这会导致富含营养成分的树液从切口流出，从而使植株衰弱甚至枯死。树液的主要成分就是从根部吸收而来的水分。

植物将从根部吸收的水分作为营养成分输送到花、叶等各个器官以维持健康状态，就像人体的血液一样。而且，叶片能通过光合作用将水分和二氧化碳转化成碳水化合物以给植株生长提供养分。

不过，这并不表示可以无限度地给植株浇水。

庭院植物与盆栽不同，深入地下的根部可随时吸水，所以几乎无须浇水。当持续的晴天使花坛土壤干燥、花草萎蔫时，充分浇一次水即可。此外，有些生长在极端少雨地区的多肉植物及仙人掌等，仅需极少水分就能正常生长。

合理估算自己能投入的精力与体力

有一位喜欢花卉的朋友曾在自家庭院中用一年生草本植物打造出了一个五彩斑斓的花坛。然而，当我几年之后再去拜访他时，庭院早已面目全非。

他对我说："养花、护花真的很费工夫呀！我最近喜欢上了高尔夫球，所以很久没有打理庭院了。"

对于庭院尤其是花草庭院而言，要想使其永葆美丽，翻土、栽苗、浇水、施肥、清理残花等工作一项都不能少。尽管爱花之人会乐在其中，但仅是防范病虫害、清理残花败叶及浇水这几项作业每天就需耗费大量的时间和精力。

因此，我们要在征求家人意见的同时合理估算自己所能投入的时间。首先决定花坛的面积，然后选择相对不太花费精力的多年生草本植物或球根植物来打造出红花绿叶的美丽庭院。总而言之，就是有目的性地来选择植物。

Shade & Small Gardens

将适于向阳及明亮背阴环境的美国绣球花与适于向阳环境的黄栌组合栽种在一起。白色花朵与古朴的紫红叶片相映成趣、美不胜收。

根据环境选择植物

如前文所述，植物生长最重要的因素是"温度""光照"和"水分"，而其中的重中之重就是温度和光照。

日本国土为南北向狭长地形，气候带跨寒带至亚热带。如想在热带或寒带地区栽种生长温度为15℃~20℃的植物，就必须采取相应的保护措施。因此，选择适于当地气候的植物是成功栽种的秘诀。

事先充分观察目的环境的日照情况十分重要。我们应尽量观察目的环境周年的日照情况，然后选择与之相适应的植物。如将喜阳植物种于背阴处，会导致植株衰弱并最终枯萎。其中，有些植物如杜鹃草一样，一旦移至背阴处还会影响植株开花。同时，将喜阴植物移至向阳处，也会导致叶片被晒伤。

户外栽种的最佳场所

对于喜阳植物而言，最佳栽种环境就是一天能接受5小时以上日照且通风良好的东向或南向处。同时，还需选择透水性好的土壤。

对于喜阴植物而言，仅有少数藓类及蕨类植物适于种在紧邻住宅的北向狭长通道及常绿阔叶树针叶树的树下。而大部分喜阴植物则适于种在落叶树下或能接受叶隙光的地方，如北向前院等开阔的明亮背阴处。不仅喜阴植物适于此环境，就连喜阳植物也可在此生长。

盆栽便于新手观察植株情况

一位种植铁线莲的朋友告诉我，"对于初次接触的品种或稀有品种，不可直接将其种在院中，而是应先种在花盆里然后置于合适的地方，并随时观察植株的生长情况。如果植株状态良好，可在一年后移栽到地里。"由此可知，对于初次接触的花草或不清楚某种植物的环境适应性时，最好不要将其直接种在地里，而是应通过盆栽确定其生长情况后，再适时移栽到地里，这样方能确保万无一失。

尤其在最近几年，很多原产于南方的花卉盆栽大量涌入东京街头的花店。其中，很多花卉仅标注了商品名而未标注植物学名。此时，需要在详细了解植物习性、生长环境及所需光照条件后才可购买。

可用耐旱性较强的牛至、神圣亚麻及百里香美化那些略显无趣的铺路石。

通过搭设棚架及宽格栅栏墙起到了防止日光反射、加强通风的效果，由此便可在普通露台上栽种山野草。

Shade & Small Gardens

将喜旱植物种在假山庭院

生长于干燥地区的景天类、芦荟及龙头海棠等多肉植物的茎、叶蓄水能力很强，还有很多品种为防止水分蒸发，其叶片已退化成仙人掌一样的尖刺。因此，这些植物仅需极少水分就能生长。

栽种这些植物时，最好选择日照充足且可遮雨的屋檐下或露台，并选择细沙或砂石等透水性好的土壤。对于耐寒性较弱的仙人掌，可用透水性好的土壤进行盆栽，冬季移入室内并置于日照充足之处。

酷暑时的露台栽种对策

露台的水泥地面和墙面能吸收直射光的热量，以致变成一个不利于植物生长的"大火炉"。同时，白天积蓄的热量会在夜晚释放使温度难以下降，而空调机箱散发的热量更是"火上浇油"。因此，在此种环境栽种植物，更要多花些心思。

●避免强日照及高温的方法

最好的方法就是选择适于强日照和干燥环境的植物。如能在酷暑时节用粗棉布帘给露台遮光，则对多肉植物生长较为有利。

●选择适于该环境的植物

日照过强会晒伤植株，导致叶尖萎蔫并妨碍整个植株生长。当温度超过30℃时，大部分植株都会停止生长，持续的高温还会导致植株枯黄。因此，在强日照的季节可通过粗棉布帘来减弱照射植物的日照强度。同时，还可在地面铺设木地板或人工草坪来减弱反射光的影响。对于强风环境，可用聚丙烯板材搭建防风设施。此外，由于露台设有安全通道，切勿使摆放的植物遮挡通道。

将拟石莲花、景天、伽蓝菜、十二卷等喜旱的多肉植物混栽于透水性好的土壤中。一定要等盆土充分干燥后再浇水，浇水程度以能从盆底渗出为宜。

1

从栽苗前一个月至前两周的时间里，需充分翻土、清理杂草树根，同时添加腐叶土或牛粪等有机物并与土壤充分混匀。对于酸性土壤，需在栽苗前一周左右在全部土壤中撒上镁石灰，然后再翻土。

将购买的花苗移栽至花坛

对于小型花坛而言，播种种植会导致花苗过度繁殖，到头来反而更不划算。
因此，选择已具雏形的盆苗最好不过。
不过，挑选花苗也非常重要。
一旦购得花苗，就可开始栽种了。

2

栽苗前，需在整个花坛中撒上作为基肥的缓释肥。

3

在花坛上摆设盆苗以决定具体栽种位置。苗距大致为20~25cm。如果苗距过小，初期时外观虽好，但随着植株生长，过于繁茂的枝叶会影响通风，并易引发病虫害。

挑选市售花苗的注意事项

在稍具规模的园艺商店或花卉商店中，同种植物的盆苗种类也很丰富。虽然不可忽略价格因素，但为了长久观赏最好选择价格稍高但品质更好的花苗。从前就有"种苗决定一半收成"的说法，可见植株的生长情况几乎都取决于花苗的品质。

那么，什么样的花苗才是好花苗呢？

淘汰枝叶疯长型花苗

首先，应淘汰那些地上部植株过于茂盛的花苗。这些花苗叶片虽大，但枝条都较为脆弱，多是在温室由人工加速培育而成的，一旦移入园中就会出现生长停滞的现象。因此，我们要选择那些叶片挺实、节间较短的紧凑型花苗。

选择大根冠型花苗

如果拿起盆苗时感觉根部松散，则说明该花苗的种植时间不长，根部还未充分伸展。如能从盆底孔洞处看到白色的根部，则说明花苗的根部情况较好。不过，有些花苗的根冠虽大，但如果下叶枯萎则说明根部板结、植株状态不佳，也不应考虑。同时，还要淘汰那些生有蚜虫或有其他病虫害的植株。

此外，虽然花苗都附带花卉照片，但未开花的花苗也占一定比例，这就很难确定花卉的花色及花形，因此最好选择那些能看到花朵的花苗。

4
从盆中拔出花苗，由于根部严重卷曲，直接栽种不利于长出新根。

5
从根土底部将根部对半掰开一些。

6
用移栽花铲挖出坑，并放入花苗。栽种时使花苗保持盆苗时的地表高度即可。确定好高度后，给周围培上土，并用手轻轻压实植株基部。

7
种完全部花苗后，需在土壤表面铺一层泥炭藓（覆盖栽培法），以防干燥及土壤流失。最后，充分浇水即可。另外，在植株长新根之前，不可使土壤过于干燥。

Shade & Small Gardens

不可忽视的花坛土壤管理及种植作业

对于花坛而言，最好在栽苗前一个月进行深达 30cm 左右的翻土作业。在清除树根、草根、石块等杂物的同时打碎土块，并添加一半土壤量的腐叶土或干燥牛粪，然后再次充分翻土。

可用市售的酸度计测试土壤的酸碱度，若土壤偏酸可适当调整酸度。在栽苗前一周左右，给全部土壤中撒上镁石灰并充分混匀。此项操作一年进行一次即可，如果每次栽苗前都撒镁石灰，反而会使土壤偏碱性。

如上，种植前的准备工作已全部就绪。

施加基肥后再决定花苗位置

种植前需给整个花坛施加缓释肥，然后再翻一次土，接下来便可决定花苗的具体栽种位置。

适度打散根部再种植

如果将密生白根的花苗从苗盆拔出后直接种在地里，会阻碍新根生长，所以栽种前应适度打散根部。操作时切勿用力过度，仅需将底部稍微掰散即可。

具体栽种过程可参照上图。

维护庭院环境的相关措施

保持庭院环境的重要一环就是后期维护及管理。
对于栽种空间较小的庭院而言，管理工作也相对容易，而园艺爱好者的庭院常种有各种植物，只有定期进行适当管理才能保持其良好状态。

定期除草及清理枯叶

除草及清理枯叶虽是最常规的庭院作业，却最容易被人忽视。

及时拔除小棵杂草

进入 4 月后，杂草便开始生长；在 5 月初以前，杂草扎根不深可轻易拔除。不过，如任由杂草生长其扎根会越深，即便勉强除草也只能揪断地上部植株而无法彻底清除根部，反而促使植株分蘖而进一步促进杂草生长。如果拖延至夏季，让杂草完成结籽则来年的长势会更甚。所以，除草时应趁植株尚小及时清除。

及时清理枯叶可减少病害

有些植株在生长期出现枯叶是正常的生理现象，而有些则可能是感染了病害。如果放任不管会导致病害进一步蔓延，所以应尽早摘除枯叶。

←↑除草及清理枯叶是庭院作业的基本环节，丝毫马虎不得。这些工作不仅利于维护庭院环境，也便于每天观察不同植株的生长状态。（左图为除草，上图为清理枯萎的紫萼）

摘除绣球花的残花。在花端 2 节以下位置剪断枝条，同时保留叶腋处的嫩芽。形如花朵的花萼虽能长期观赏，一旦变色需及时清除。

及时清除残花可防止植株结籽

另一项重要作业就是及时清除花坛及盆栽中的残花。那些开过的残花不仅有碍观瞻、污染周围环境，还会诱发植株在花期结束后结籽。这样一来，植株的养分都供向了种子以致植株长势衰弱，并最终影响开花数量。因此，像三色紫罗兰、矮牵牛花等花期较长的草花，必须及时清除残花，同时借助追肥来延长植株寿命。操作时，不仅要清除花瓣，还包括整个子房。

此外，花朵一旦感染了灰色霉菌病，如放任不管会导致病情迅速蔓延。不可将清理的残花置于庭院一角，而应迅速用垃圾袋封存或挖坑深埋。

修剪矮树墙

由修剪成球形的日本吊钟花构成的矮树墙。虽在冬季已进行了修剪，但梅雨季长出的新枝破坏了原有造型，需再次修剪。

剪掉多余新枝后的状态。夏季进行适度修剪可抑制秋枝生长，由此一来年内便无须再次修剪。

对于过度伸展的庭院树进行定期修剪

　　一进入梅雨季，树木在春季长出的枝叶会更加繁茂，以致遮挡日照并影响庭院及室内的采光。此时有人会立刻想到剪枝，但这项作业切勿操之过急。因为不同树种的最佳剪枝时间是不同的。如果错过最佳时间，不仅收不到预期效果，有时甚至会导致树木枯死。

　　如在梅雨季对梅树等落叶树进行剪枝，当夏季来临后枝条的长势会更猛。

　　落叶树的最佳剪枝期为 10 月至次年 3 月上旬。如果考虑到第二年开春时枝条的长势，可预先剪短一些。

　　常绿树在一年中有 3 次适于剪枝的时期，分别是出新芽前的 3 月下旬至 4 月、长好新枝的 7 月中旬及生长趋于停滞的 9 月下旬。由于常绿树耐寒性较弱，不适于在冬季剪枝。

　　无论是落叶树还是常绿树，如在入夏后对杜鹃花、山茶等春季开花的花木进行剪枝则会剪掉萌发的花芽，请多加注意。

　　由于矮树墙需长期保持其外观规整，可随时剪掉多余枝条。

美化树形的修枝方法

　　修剪庭院树的基本原则是明确季节、规范方法及切勿损伤树木，还有一点就是要打造与维持美观的树形。

●严守剪枝的基本原则

　　对于落叶树而言，深秋至次年初春的无叶期是剪枝的最佳时期。我们可在此时大刀阔斧地剪枝，如更新粗枝、规整树形等。

Shade & Small Gardens

修剪多余枝条。冬季可用修枝剪进行深度剪枝以突出基本树形。如在夏季进行深度剪枝则会使枝条在入秋前过度生长，所以仅需剪掉影响基本树形的长枝即可。

常绿树进行深度剪枝时的注意事项

由于常绿树全年生长活跃，很难像落叶树一样进行深度剪枝。虽然具体情况因树种而异，但对大多数常绿树而言，剪枝深达无叶部时会导致枝条枯萎，所以应尽量避免深度剪枝。如果不得不进行深度剪枝，也要在事后用布条缠紧修剪过的树干及粗枝以防被强光晒伤。

必须在外芽上方剪枝

修剪枝端时，要在树枝外侧的嫩芽（外芽）上方进行。如在树枝内侧的嫩芽（内芽）上方进行，则会导致新枝偏向树干一侧，并最终长成"反枝"。

剪掉粗枝时需处理切口

修剪细枝无须其他处理，当修剪粗于手指的枝条时，其切口很难复原，如不及时处理可能会感染病菌。因此，需在切口处涂抹切口愈合剂或木工用黏合剂。

●应使树形与庭院景观相称

庭院树的树形大致分为两种：①维持树种原有树形；②人工修剪定型。具体要根据不同的庭院景观而定。

传统风格的庭院

在风格庄重、大气的庭院中，适于将小叶常绿树修剪成整齐的树篱或其他规则形状。对于日式庭院而言，"分散球形树"或"迎客树"显得较为适合。

自然风格的庭院

如果庭院旨在营造自然意境，无论西式、日式风格庭院都需维持树木的自然树形。如枹栎、鹅耳枥、小婆罗树及野茉莉等杂木都是不错的选择。

●如何顺畅作业

在进行剪枝、修枝时需注意以下要点。

制定修剪方针

在使用锯子、剪刀之前应远观一下整个树木外观，然后制定修剪方针。具体包括：树高（增加、维持还是降低）、枝叶（收窄还是延展）及修枝程度（是否有多余粗枝及剪枝后的视觉效果）。

剪枝时应遵循从大枝到小枝的顺序

决定了修剪方针后，可先用锯子锯掉多余的粗枝。然后决定树木的骨架结构，接下来用修枝剪剪掉手指粗细的多余枝条，最后用细刃剪修剪枝端的小枝。

如果不按此顺序操作，不仅白花功夫，还达不到理想的效果。

蔓生蔷薇的剪枝与引枝

应于冬季进行剪枝及引枝。从根部附近剪去多余的旧枝，然后从栅栏上松开相对新一些的枝条，在嫩芽上方剪枝。

1

3 完成剪枝后，按照从粗到细的顺序将枝条绑在栅栏等物上以进行引枝。水平拉倒直立型新枝利于开花枝条生长。

保留粗枝上新长出的侧枝，锯断旧枝。由于蔷薇的尖刺很锋利，操作时务必佩戴专用作业手套。

2

手动修整草坪

一旦发现杂草，必须连根拔除。一旦遗留草根会再次长出杂草，以致无法彻底清除。操作时可使用专用的除草工具，用小镰刀也能轻松完成。

Shade & Small Gardens

右上图为手动式剪草机。在草坪生长期进行修剪不仅利于草坪生长，还能起到抑制杂草的效果。如图所示，给剪草机安装一个铲斗便可随时收起剪下的草料。右下图为手持式电动剪草机。

及时修整方可使草坪更美观

修剪可促进草坪植物分枝，而充分施肥则能促其生长，通过多次修剪方可使草坪如地毯般平整、光润。

需固定剪草机的刃高

剪草机分为电动式与手动式，如果住宅的草坪面积有限，手动式剪草机就足够用了。其中最重要一点就是让剪草机保持固定刃高，因此每次作业后必须彻底打扫干净。此外，如果对庭院中的其他景观或露台进行修剪时，可使用手持式推刃电动剪草机或剪刀。

及时清理废草料

剪草后可用耙子收起废草料，然后处理掉。如将废草料长时堆放在草坪上，会影响草坪的透气性，导致内部空气污浊。

及时尽早除草

草坪被杂草入侵后如果放任不管，瞬间就会铺满整个草坪，让人束手无策。所以，一旦发现杂草就应尽早清理，如果是小棵杂草，使用除草工具或镰刀就能连根拔除。

培土与通风

给草坪培土及挖孔通风适于在2月中旬至3月中旬完成。培土能促进地表株茎生根，使草坪更具活力。具体做法是在春季发芽前，给整个草坪薄铺一层培土用沙，同时用推板将土沙推入草坪间隙中。通风能改善草坪的透水性与透气性，可在发芽前用钉子在草坪上每隔10cm打一个孔。

夏季花坛的维护

"夏季花坛"一般指越夏生长的以多年生草本植物为主的庭院花坛。如右图所示，可保留右前方的万寿菊和菊花，将其余的春季至夏季开花的多年生草本植物挖出并进行移栽。

1 清理掉春季至夏季已开花的一年生草本植物的枯枝及残根。

2 使用镰刀等除草工具连根拔除杂草，然后用铁锹或花铲小心挖出想保留的多年生草本植物。

必不可少的花坛维护工作

漂亮的花坛能让人享受到无可比拟的愉悦，而一个疏于管理的破败花坛则会让人备感凄凉。有时，一些不合时宜的人为栽种，也会让花坛呈现出田野荒郊般的悲凉氛围。

修建花坛是为了给庭院增添美感，除了进行严格的日常管理之外，不同季节的维护工作也必不可少，如此才能最大程度地保持花坛的美丽姿态。

●日常打理

首先，每天必须进行的作业就是清理残花及枯叶。同时还要及时采取预防病虫害的相关措施，以使植株保持良好的生长状态。其余，还有如下作业。

移栽花苗后的掐尖

多数草花都是从植株下方长出枝条以致外形浑圆，并能保证一定的花朵数量。不过，也有一些花苗在移栽后只长顶枝而不长侧枝，如鼠尾草、四季海棠及矮牵牛花等植物的这种倾向就尤为明显。

因此，当这类草花的花苗叶片达 7~8 片后，可用手指掐断枝端嫩芽以促进侧枝生长。这就是"掐尖"。如果花坛中的花苗侧枝能生长，掐尖时可保留 4~5 节枝条，这样能进一步促进枝条生长，让植株外形更饱满还能增加开花数。

●夏季的水管理

露天种植的植物可依靠根部吸水，所以几乎不用浇水。如果浇水过度反而无法促进根部生长，导致植株干枯。

另一个需要注意的就是梅雨季节的高湿影响。一旦花坛出现积水，需立即在周围挖出排水沟以提高透水性。

梅雨季过后温度急速升高，日照也更强烈。此时可用泥炭藓等进行覆盖栽培以保护根部不受干燥及高温的影响。酷暑时节，天气多晴少雨，可偶尔给植物充分浇一次水。

●勿忘追肥

对于花期为深秋至次年春季的三色紫罗兰、三色堇；花期为初夏至秋季的鼠尾草、四季海棠及矮牵牛花等，基肥仅能在栽苗后 1~2 月内发挥效用。一旦肥料养分被完全吸收，植株就会迅速萎蔫，花色也会受影响。因此，我们需估算时间适时追肥，如能每月同时施加 2~3 次稀释的液体肥则效果更佳。

●盛夏时更新植株以帮助其恢复长势

鼠尾草、矮牵牛花、万寿菊以及百日菊等植物的花期从初夏至秋季，梅雨过后的酷暑很容易造成植株疲劳，而干燥的气候也容易引发叶螨等虫害。

因此进入 8 月后，可砍去 1/3~1/2 的枝条以休养植株，使其重新恢复长势。同时喷洒杀螨剂、施加液体肥，如此一来植株在初秋时便能长出新芽，到 10 月又能开出漂亮的花朵。

4

5

↑→将挖出的大株多年生草本植物，分散成 5~6 小株后再种植。分株能促进老化植株重新生长。

3 充分翻耕上方土壤，彻底清除残根等杂物。尤其是蕺菜、禾本科杂草及乌蔹莓等，这些植物一旦留有少许地下茎便可迅速生长，需彻底清除。

6 按顺序种上已分株的多年生草本植物及秋季花苗等。

7 栽苗完成后，可在株底铺上腐叶土或泥炭藓以防干燥（覆盖栽培法）。

8 整理一新的夏季花坛，在不久后的秋季又能开出漂亮的花朵。

Shade & Small Gardens

根据季节变换花坛风格

花坛是一种极富季节美感的庭院景观，适于进行季节性栽种，不过频繁变换花坛风格不仅费时而且费力。因此，在春季 4~5 月时可选择夏季至秋季开花的花苗，如天竺牡丹、唐菖蒲等以及夏季开花的球根植物。在花色萧条的 11 月上旬，可选择冬季至次年春季开花的三色紫罗兰、三色堇及羽衣甘蓝等，同时搭配水仙、郁金香及葡萄风信子等春季开花的球根植物。总之，一年中变换两种花坛风格是比较稳妥的。

然而，对于一年生草本植物为主体的花坛而言，每次变换风格的劳动量仍十分惊人，所以最近很多人更倾向于选择容易打理的多年生草本植物花坛。通过将色彩艳丽的彩叶植物、矮灌木及各种香草组合在一起，使花坛具有一种不同于一年生草本植物花坛的自然韵味。

不过，即便是多年生草本植物，如果长年不加以打理，其花色及植株长势会受到影响。对于鸢尾兰类、芍药及铃兰等植物，最好每隔 3~4 年进行一次分株以重新栽种。

适于庭院栽种的园艺植物

植物不仅用于观赏，还是庭院景观的重要组成部分。
我们应根据栽种目的及环境来选择与之相适应的树木及花草。

庭院常用树种

首先应明确"树木""栽种树"及"庭院树"之间的区别。

所谓"树木"是相对于"草本植物"而言的"木本植物"。那些生长在荒野山林的树仅是树木而已，既非栽种树也非庭院树。反之，即便是同一树种，如果以庭院种植为目的通过人工手段进行栽种，那它就变成了"栽种树"。

进而言之，为使这些种入庭院的树木更符合庭院风格而进行人工修剪，那么它们又变成了构成庭院要素的"庭院树"。

❖ 常绿树与落叶树

划分树木种类的方法很多，大致可分为常绿树与落叶树。

其中，常绿树又有阔叶树与针叶树之分，无论哪种树都能保持四季常青，堪称最具庭院树功能的树种。尤其是松树类（黑松、红松、五针松）、犬松、罗汉松、细叶冬青及厚皮香等自古以来就是常用的庭院树种。

常绿树还具有一定的遮蔽作用，除冬青卫矛、茶梅、滨柃、钝齿冬青等阔叶树外，很多针叶树也可用作矮树墙。常青树的缺点是外观略显单调以及过密枝叶会影响庭院的采光性。

与之相比，落叶树虽在冬季略显萧条，却能演绎出春之嫩芽、夏之绿叶、秋之红叶的季节美感，以此赋予庭院更多变化。而且，多数落叶树叶色鲜亮，适于种在多背阴的都市小型宅院内。

❖ 乔木与灌木

根据树高可将树木分成乔木、中型木及灌木。一般将树高 6~8m 以上的称为"乔木"，树高 3~7m 左右的称为"中型木"，成树树高在 2~3m 以下的称为"灌木"。

从前，很多庭院都将乔木及中型木作为主角树，而将灌木作为配角树或背景树（草坪植物）。如今小型庭院逐渐增多，2~3m 高的灌木也逐渐变成了主角树。其中，有一种树高不足 20~30cm 的小型树（如紫金牛）专用作背景树。

❖ 花木、果树

从前的日式庭院中很少种植观赏用花木及实用型果树，近几年这些树木却被广泛用于美化西式庭院。

种植这类树木的目的就是赏花、收获果实，所以在修剪枝条时切勿损伤花芽。

❖ 杂木类

我们将落叶型阔叶树统称为杂木，特指日本山枫、假山茶、鹅耳枥的近缘、槲树、麻栎、枹栎、大叶钓樟等广泛长于山野的树种。如今风格自然的庭院很受欢迎，而这类杂木最适于营造自然气息，所以修剪时应尽量保持自然树形。

装点庭院的各色草花

对于西式庭院而言，最不可或缺的就是色彩斑斓的草花植物。这类植物既可用作花坛背景植物或草坪植物，也可做成吊篮来装点露台、窗边等处。

❖ 一年生草本植物

我们将发芽后在一年内完成开花、结籽并最终枯萎的草本植物为一年生草本植物。其中，既有秋季播种、春夏季开花的品种（三色紫罗兰、雏菊喜林草、金光菊、紫罗兰等），也有春季播种、夏秋季开花的品种（牵牛花、万寿菊、凤仙花、大波斯菊、百日菊、长春花等）。

总而言之，这类花卉花期长、花量多，适于混栽在花坛或花盆中，极富装饰性。而且，人工培育的花苗也多有上市，使人们能在花期前欣赏到美丽的花卉。

❖ 多年生草本植物（宿根草本植物）

多年生草本植物即指植株在开花、结籽后并不完全枯死，而能连续生长若干年的草本植物，又称宿根草本植物。

其中，包括落新妇、桔梗、菊花、紫萼、芍药、铃兰及六月菊等冬季地上部枯萎而地下茎及根部依旧能生长的非常绿型品种，以及筋骨草、针叶天蓝绣球、圣诞玫瑰、瓜叶菊及金钱草等全年常绿型品种。

总体来说，多年生草本植物花期较短，适于人工培育的品种仅为小型菊花类，因此该类植物适于季节性栽种。虽然同为草花植物，但多年生草花要比一年生草花更显落落大方，适于点缀自然风格的庭院。

❖ 球根植物

将生有可贮藏养分的肥大根部的草本植物称为球根植物。即便地上部植株受到恶劣气候的影响而枯萎，一旦生长条件适宜，该植物能通过球根贮藏的养分而再次开始生长。

主要包括夏季休眠的秋种型品种以及冬季休眠的春种型品种。一般将植物生有的肥大器官分成 5 种，即鳞茎、球茎、块茎、根茎、块根。

鳞茎　在变短的地下茎上生有多层肥厚叶片（鳞片）的植物，如水仙、郁金香、风信子及百合等。

球茎　其叶根部的干皮包裹着球状地下茎的植物，如唐菖蒲、秋水仙、番红花、巴比那草、小苍兰等。

块茎　地里的茎部呈块状的植物，如海葵、仙客来及球根秋海棠等。

根茎　生有肥大地下茎的植物，如美人蕉、姜黄、姜等。

块根　生有肥大根部的植物，如天竺牡丹、花毛茛等。

❖ 香草

自古以来，香草在欧洲就被广泛用作调料、香草茶、化妆品、入浴剂、香袋及防虫药等，很多香草的花朵也非常漂亮。

随着日本人生活习惯逐渐西化，很多人喜欢在花坛或花盆中种植香草，以享受其独有香气。如在铺路石之间种上矮株的百里香，随脚步飘起的阵阵芳香会让心情备感舒畅。

提亮背阴庭院的彩叶植物

黄色叶片
金色鼠尾草
黄金钱草 Aurea
黄金金合欢
亚洲茉莉"黄金锦"
金边扶芳藤

银色叶片
绵毛水苏
神圣亚麻
蜡菊
瓜叶菊
雪叶莲

白色叶片
银边翠
初雪蔓

杂色叶片
五色苋菜
三色龙血树
锦紫苏
新西兰麻

彩叶植物及装饰墙面的蔓生植物

❖ 打造五彩斑斓的庭院

该到彩叶植物粉墨登场的时候了。

此类植物既包括草本植物也包括木本植物，其叶色有黄、红、紫、银灰及条纹型，最适于在少花时节装点庭院。尤其是花卉难以生长的背阴地，比起清一色的绿叶植物，适当加入一些彩叶植物能瞬间提亮整个庭院。

❖ 蔓生植物的效用

近几年，铁线莲、忍冬、蔓生蔷薇及常春藤等蔓生植物也成为了必要的园艺元素。通过引导蔓枝攀附栅栏、墙面、棚架及凉亭等处生长能打造出立体景观效果。

植物生长的环境条件

植物正常生长，需要几项必要条件。

如果生长环境无法满足这几项条件，无论后期管理多么周到，植物也无法正常生长。

最重要的条件——"光照""水分"和"温度"

植物生长最重要的环境条件就光照、水分和温度，若有一项条件不适宜植物就无法正常生长。

因此，我们在选择栽种场所及实施浇水管理之前，首先应了解一些植物特性方面的知识。

❖ 太阳能是植物进行光合作用的必要条件

植物能通过日光、根部吸收的水分以及大气中的二氧化碳来合成淀粉等碳水化合物。因此，阳光对于植物生长是必不可少的。

不同植物需要的日照强度不同，具体取决于植物最初的生长环境。所以，我们在为植物选择栽种或生长环境之前，应详细调查一下植物原生地的日照情况。

对于原生地日照充足的植物（高山植物、万寿菊以及矮牵牛花等草花类），应使其生长在能长时接受日照的地方，如每天能接受5小时以上的日照则最为理想。如果将这些喜阳植物种在背阴处，会导致枝叶疯长，而且植株很快会枯萎。

相反，很多观叶植物的原生地都是光线阴暗的森林，过度日照会晒伤叶片。因此，选择枝叶透光的树荫下或是挂有纱帘的窗边就比较理想。

那些适于生长在低日照条件下的植物，其耐阴性都较强。不过，无论多么喜阴的植物，也并非完全不需要日照，决不可将其长期置于完全无日照的室内。

有些种子发芽时也需要光照

一般来说，种子是在黑暗的地里生根、发芽，不过有些植物的种子在发芽时也需要一定程度的光照，例如金鱼草、矮牵牛花、四季海棠等。我们将其称为"喜光性种子"（明发芽种子）。在播撒喜光性种子时，仅需薄覆一层土。一旦覆土过厚，就会影响种子发芽。

❖ 水分是动物的生命之源，对植物也是如此

在所有动植物生物体中，水都是极其重要的组成部分。

水分不仅是植物进行光合作用的重要原料之一，还能帮助植物将光合作用的产物——糖分输送到植物体的各处器官。因此，水分既是合成营养的原料，又是输送营养的工具。

除少数附生兰（附着于树干生长，通过气生根吸收空气中的水分）及铁兰（气生植物，通过叶片吸收空气中的水分）外，多数植物都是通过深扎地下的根部来吸收水分。

露天种植的植物可吸收土地中的水分，只要干旱程度不严重，基本无须人为浇水。然而，盆栽植物是离开土地生长的，应适时浇水。

种子发芽需要光照的品种

◆ 草花

耧斗菜（西洋耧斗菜）、藿香、凤仙花、金鱼草、锦紫苏、瓜叶菊、雏菊、洋桔梗、报春花类、四季海棠、矮牵牛花、洋甘菊等。

◆ 蔬菜

卷心菜的近缘（甘蓝、花椰菜、菜花、球茎甘蓝等）、牛蒡、紫苏、茼蒿、洋芹菜、胡萝卜、鸭儿芹、莴苣等。

植物名	最佳发芽温度·最佳播种期	植物名	最佳发芽温度·最佳播种期	植物名	最佳发芽温度·最佳播种期
耧斗菜（西洋耧斗菜）	15℃~20℃·3~6月、9~10月	耳草	20℃·9~10月	向日葵	25℃·4~7月
麦仙翁	20℃·9~10月	天竺葵	20℃~25℃·4~5月、9~10月	费利西亚	18℃~20℃·9~10月
藿香蓟	20℃~25℃·4~6月	蜜草	15℃~20℃·9~10月	草夹竹桃	18℃·3~4月、9~10月
牵牛花	25℃·4~6月	矢车菊	15℃~20℃·4~5月、9~10月	布洛华丽茄	20℃·4~5月、10~11月
金鱼藤	20℃·4~5月	千日红	25℃·4~5月	矮牵牛花	25℃·3~5月、9~10月
紫菀	18℃~25℃·3~5月、9~10月	雪叶莲	15℃·8~11月、2~3月	金盏菊	20℃·9~10月
香雪球	20℃·2~3月、9~10月	天竺牡丹	20℃·4~6月	南非紫罗兰	20℃·3月、9~10月
海石竹	10℃~15℃·4~5月、9~10月	兰香草	20℃·3~6月	蜡菊	18℃·9~10月
凤仙花	20℃·3~5月	糖芥	20℃·7~11月	五星花	20℃~23℃·3~6月
康乃馨	10℃~15℃·4~5月、9~10月	飞燕草	15℃·10~11月	金枝玉叶	20℃~25℃·4~5月
勋章菊	15℃~18℃·4~5月、9~10月	山牵牛花	20℃·4~5月	罂粟	15℃~17℃·2~3月、9~10月
丝石竹	18℃~20℃·4~5月、9~10月	蓝饰带花	18℃·3~4月、8~9月	龙头海棠	20℃·4~6月
风铃草	20℃·4~6月、9~10月	金羊毛菊	20℃·3~5月	万寿菊	15℃~25℃·3~6月
桔梗	15℃~20℃·4~5月、9月	异果菊	15℃~20℃·2~3月、10月	紫菜花	20℃·9~10月
屈曲花	20℃·9月	雏菊	20℃·9~11月	美兰菊	20℃~30℃·3~8月
吉莉草	18℃·9~10月	翠雀花	15℃·10~11月	瓠子花	20℃·5~6月
金鱼草	18℃~20℃·3月、9~10月	蝴蝶草	20℃·3~4月、9~10月	洋桔梗	20℃·4月、9~10月
金盏花	20℃·3~4月、9~10月	旱金莲	20℃·3~5月	柳穿鱼	15℃·9~10月
金槌花	18℃~20℃·7~10月	瞿麦	20℃·9~11月、2~6月	利文斯通雏菊	15℃·9~10月
菊花	15℃~20℃·2~3月、9~10月	赛亚麻	20℃·3~4月、9~10月	星辰花	18℃·9~10月
醉蝶花	20℃·3~5月	黑种草	20℃·9~10月	茑萝	25℃·4~6月
鸡冠花	20℃~25℃·4~6月	烟草花	25℃·3~5月	金光菊	20℃·4月、9~10月
大波斯菊	15℃~20℃·3~7月	长春花	20℃~25℃·4~5月	缎花	18℃·4~5月、8~9月
高代花	18℃·9~10月	喜林草	20℃·9~10月	鲁冰花	20℃·10~11月
锦紫苏	20℃~25℃·4~6月	马鞭草	15℃~20℃·2~5月、9~10月	白花丹	22℃·4~5月
肥皂草	18℃·3~4月、9~10月	雁来红	25℃·4~5月	紫云英	15℃~20℃·10月
鼠尾草	20℃~25℃·4~6月	菜花	20℃·2月、9~10月	鳞托花	15℃~20℃·3~4月、9月
蛾蝶花	20℃·3~5月	花菱草	15℃·9~11月	同瓣花	18℃~20℃·9~10月
百日菊	20℃·4~7月	羽衣甘蓝	25℃·7~8月	山梗菜	15℃~20℃·2~5月、9~10月
香豌豆	18℃·9~11月	三色紫罗兰、三色堇	18℃·8~11月	勿忘我	15℃~20℃·4~5月、9~10月
松虫草	18℃·3~4月、9~10月	须苞石竹	20℃·7~9月		
紫罗兰	20℃·3月、8~10月	威石竹	18℃~20℃·3~4月、9月		

浇水时间

浇水过勤也并非好事。浇水过勤会使花盆中湿度过大，不利于植株吸收周围的新鲜空气，长此以往会减弱根部的呼吸作用，甚至出现烂根现象。当植物根部充分吸水后，应暂停其吸水作用，促进根部吸收新鲜空气来进行短暂修养。

当盆栽植物的盆土呈八分干燥时，表示植物比较需水，此时可充分浇一次水。不过，此时切不可只看盆土表面的干燥情况。由于不同盆栽的用土不同，推算具体的浇水时间也存在一定难度。虽然可以使用土壤湿度计来测量，但也很难实现逐一管理。归根结底，还要依靠经验来浇水。

古语有云"浇水学3年"，其含义就是实践经验对于掌握植物的浇水方法十分重要。

❖ 植物的生长温度与原生地气候略有差异

植物生长的另一不可忽视的条件就是适宜的温度。由于植物也是一种生物，在极端低温或高温条件下都无法生长。

不同植物对低温及高温的适应性不同。一般而言，多数植物在5℃以下会停止生长，在0℃以下细胞组织开始上冻，很快就会枯死。反之，当30℃以上的高温天气持续时，多数植物都会停止生长、进入休眠，当温度持续超过40℃时，植物很快会枯死。

虽然不同植物的生长温度略有差异，但大致范围在5℃~30℃之间。同时，将植物生长的最适宜温度称为"最佳生长温度"。

我们在选择植物的种植或放置场所时，首先要考虑温度条件。

发芽、生根也有最佳温度

种子发芽及移栽、扦插时的生根也与温度密切相关。虽然不同植物略有差异，但多数植物在20℃~25℃的地温条件下易于发芽、生根，当温度过低或过高时，植物生根发芽也会受影响。

当完成移栽或扦插后的温度条件适宜时，植株才能快速生根。

总而言之，任何园艺作业都应建立在"适时而动"的准则之上。

肥料的种类及最佳使用方法

植物体必需的无机成分（肥料成分）种类很多，其多数为可被根部吸收的水溶性物质。
下面就让我们学习一下正确的施肥方法。

植物生长必需的无机成分

如前所述，植物通过光合作用合成生长所需的能量物质——碳水化合物（淀粉及糖类）。构成碳水化合物的主要元素为碳、氢、氧，主要从大气中的二氧化碳和根部吸收的水分中来获得。

除碳水化合物之外，植物体内的必要营养素（元素）还有很多，植物从根部吸收水分的同时能获取这些元素。其中，含量最多的就是氮、磷、钾，也称为"肥料三元素"。此外，钙、镁、硫的含量也相对较多，将以上6种元素合称为"中量元素"。还有7种含量极少的必要无机成分（锰、硼、铁、铜、锌、氯、钼），被称为"微量元素"。

野生植物可从土壤中获取这些必要的营养元素，而人工栽培的植物却很难做到。尤其是盆栽植物，由于土壤用量有限，植物很容易出现营养不良的症状，因此施肥就变得尤为重要。

肥料三元素的作用

很多市售的肥料袋上都会标注"16:9:5"的数字，这就是肥料中最重要的三种元素氮、磷、钾的比例。

那么，这三种元素对植物生长能起到什么作用呢？

❖ **氮（N）为叶肥**

植物体叶茎生长需要蛋白质，而氮是合成蛋白质的重要成分。尤其是植株生长初期的叶、茎发育阶段需要施加大量氮肥，因此氮肥也被称为"叶肥"。

不过，氮肥过量会导致叶色过浓、植株细弱，从而易感染病害。反之，氮肥不足会导致叶色变淡，新叶数量也会减少。

❖ **磷（P）为花肥、果实肥**

核酸是构成基因的物质，而磷是构成核酸的重要成分，其作用是将外部刺激传导给细胞。由于磷肥能促进植物开花结果，因此又被称为"花肥"或"果实肥"，对于观赏性花卉植物、果树及果蔬的生长尤为重要。

磷一旦不足会引起开花、结实延迟、花量过少及果实发育不良等症状。

尤其需注意的是日本关东垆坶层的火山灰土及常用作盆土的赤玉土等极易吸附磷，会影响植物对磷肥的吸收。如果使用这类土壤，需适当增加磷肥用量。

❖ **钾（K）为根肥**

钾对于植物体内的各项生理作用，如调节渗透压、稳定pH值等非常重要，同时还能强化细胞壁、提高植株对极端环境的抗性，使其能抵抗病虫害。最重要的是钾能促进植物根部生长，因此又被称为"根肥"。

钾一旦不足时，植株极易倒伏且易感染病虫害。例如，当梅雨期的植株因日照不足而变得细弱时，应及时施加钾肥以防植株染病。

各种市售肥料及其特性

园艺商店所售的肥料大致分为"有机肥"与"无机肥"。

❖ 益于土壤的有机肥

有机肥即由动植物来源的物质加工而成的肥料。

有机肥的特点是能被土壤中的细菌分解为无机物，从而被植物根部吸收（不包括发酵的油渣及草木灰）。有机肥并非施加后立即起效，而是逐渐发挥效用的慢性肥料。此外，有机肥不同于化肥的最大优点是能活化土壤微生物，不破坏土壤环境。

油渣　包括菜籽渣、豆渣等在内的压榨食用油过程中产生的物质。N∶P∶K=5.3∶2∶1，氮含量较多。

发酵油渣　在油渣中添加骨粉、米糠、鱼粉等使其固定成球状后发酵而成的物质。发酵能加快肥料发挥作用，也常被用作表面固体肥（放于盆栽花土表面的固体肥料）。

干燥鸡粪　N∶P∶K=3.8∶4.8∶2.5，磷含量较多，适于用作花木的基肥。

骨粉　N∶P∶K=4∶22∶0，为典型的磷肥，除可用作基肥外，还可添加油渣使用。

鱼粉　把小鱼晒干后磨成粉。N∶P∶K=9∶5∶0，可作为油渣使用。

草木灰　由燃烧后的落叶、杂草、枯枝组成的全钾肥。由于该肥料呈碱性，过度施加会影响土壤的酸碱度。

❖ 有机复合肥

在慢性有机肥的基础上添加速效无机物而合成的肥料。其中的化肥能在施加后立即起效，使有机成分逐渐被分解并发挥效用，因此可用作基肥或追肥。

❖ 方便的无机肥

无机肥是以无机物为原料通过化学合成的肥料。

其中，将含有氮、磷、钾其中一种成分的称为"化肥（单肥）"，含有两种以上成分的复合肥料称为"化学合成肥"。不过，化肥常用于农业生产，很少用于家庭园艺。

由于化学合成肥多为颗粒状且无异味，深受园艺爱好者的青睐。

原来的无机肥多为速效肥，然而现在市售的家用化学合成肥多为缓释肥，如此改良是为了能让肥料长时间发挥效用。如在栽种植物时施加缓释肥为基肥，则省去了后期追肥的麻烦，因此它也成为了盆栽园艺的必要肥料之一。

❖ 适于用作追肥的液体肥

液体肥分为原液型（直接使用原液）和稀释型（用水稀释原液或粉末）两种。无论哪一种都是超速效水溶性无机肥，施加后会迅速被根部吸收。当植物需要施肥时，液体肥能及时、快速地补充养分，因此最适合追肥时使用。不过，由于液体肥极易流失，很难长期发挥效力。

施肥的具体时机

处于旺盛生长期的植物根部非常需要肥料养分，此时是施加速效肥还是慢性肥则要取决于对植株生长期的预判。

❖ 利于植株早期生长的基肥

我们将栽苗或播种时撒入土壤中的肥料称为"基肥"。

基肥能在植株根部的萌动期发挥效用，为早期生长提供养分，因此选择慢性肥或缓释肥最为合适。

❖ 肥料不足时的追肥

对于栽种期较长的植物而言，仅施加基肥会导致后期养分不足，此时追加的肥料即为"追肥"。

在农田或花坛中，可在植株底部施加有机复合肥并与表土混匀；在花盆或条盆中，可将化学合成肥作为表面固体肥，同时施加一些速效液体肥。

移栽与分株

栽种植物时，往往需要进行多种移栽及分株的相关作业。
掌握以下操作要点，便可免去不必要的失误。

需要进行移栽的情况

自然界中的植物没有移栽一说。它们一旦在某处生根发芽后，便会一直长在那里直到寿命终结。

然而，人工栽种的植物却需要适时进行移栽。

❖ 种苗的移栽

当播种床上的种子发芽后，就需要进行移栽。如果种苗长期处于密植状态，不仅易引起倒伏，还不利于根冠的生长。以草花为例，当花苗长出 2~3 片真叶后，要将其挖出并间隔种于苗床上，此过程为"浮栽"。当植株长出 7~8 片真叶后，要将其再次移栽到花盆或花坛中，此过程为"定植"。

移栽时难免弄断粗根，这就促进了须根生长，并使整个根冠更为发达。因此，多次移栽利于草花植物的根部生长（如豆科植物、鸡冠花、向日葵等不适于移栽的植物应选好栽种地再播种）。

❖ 换盆移栽

如果用花盆种植多年生草本植物或树木类植物时，逐年生长的根部会占满整个花盆并形成板结。这不仅妨碍新根生长，还会影响内部根对水分的吸收，以致影响植株的长势。

因此，当植株根部已占满花盆时就需要将其移栽到另一个更大的花盆中，此过程为"换盆"。

移栽时间

由于换盆会伤损植株根部，所以应尽量选择在根部活动趋缓的休眠期进行。同时，在根部恢复活力之前进行换盆，也利于受伤根部的尽快恢复。

换盆时可适度打散、剪短那些密缠于盆土周围及底部的细根，然后轻轻抖落旧土换上新土。

当生长期的植株因根部板结而出现缺水时，决不可一味苦等而应立即进行移栽。此时无须打散根土，可将其直接放入大一号的盆中并在周围盖上新土，等到适于移栽时再另行操作。

尽量选用同质土壤

移栽时最好选用与之前花土性质相似的土壤。如果新土的保水性及透水性与旧土差异过大，会导致内、外根土的干湿度差异过于显著，这不仅不利于新根生长，还会导致植株干枯。

❖ 球根植物的重植

秋季栽种、春季开花的球根类植物（水仙、葡萄风信子等）多不耐热，一进入夏季这些植物的地上部就会枯萎并进入休眠期。因此，可从土中挖出球根植株并置于凉爽处以进行"避暑"处理，待 10 月左右再重新栽种。

反之，一些春季栽种、夏季开花的球根植物（天竺牡丹、唐菖蒲等）多不耐寒，可于下霜前将其挖出并置于 0℃以上的场所越冬，待来年 5 月重新栽种。

❖ 庭院树的移栽

很多人一旦种下庭院树、花木及果树等树木后就不想轻易移栽。矮灌木虽然是个例外，但当其株高达中型木或乔木的高度时，四处伸展的根部也会给移栽带来诸多不便。

不过，当庭院需要进行改造、改建或搬迁时，一定程度的移栽也在所难免。

移栽高于身高的树木时需委托专业人士

移栽树木的基本原则是选对时间、尽可能多保留一些根土以及原样移栽。因此，适于一般常人移栽的树木株高大致为身高高度。

移栽大型树木时，应该委托给专业人士。由于移栽那些长年未经移栽的树木非常危险，所以需在一年前进行整根，以使植株基部生出较多细根后再进行移栽。

由于很多专业人士对不同树种的了解也较为有限，为防止发生纠纷需在作业前进行充分协商。

树木移栽的最佳时期

落叶树可在落叶后的深秋至次年 3 月中旬进行移栽，常绿树可在 3 月下旬至 4 月、7 月中旬至下旬或是 9 月下旬至 10 月进行移栽。一般而言，针叶树适于在梅雨季或 12~3 月进行移栽，不过具体情况因树种而异。

砍掉多少根部就要砍掉多少地上部

移栽扎根较深的庭院树时，不可避免地会砍掉相当多的根部。因此，地上部植株也要进行相应程度地修剪。忽略此项操作会加重根部负担，导致植株枯黄、枯死。尤其是叶片蒸腾作用活跃的常绿树，需要砍去一些较粗枝条。

移栽后的保养极为重要

即使是根土原封不动的重植，要想使植株顺利生根，后期的保养工作也很重要。①移栽时需竖起稳固的支柱，以防根土被风吹动。②用黄麻布等布料包裹树干及粗枝，不仅可以预防日光直射，还能在冬季起到保温作用。尤其对于枫树、山荔枝等树皮较薄的落叶树，此项操作更是必不可少。

需要进行分株的情况

多年生草本植物及株底枝干丛生的矮灌木（绣线菊、珍珠花、连翘及南天竹等）的植株会随着生长过程而逐渐变大。

❖ 多年生草本植物的分株

如水菖蒲、花菖蒲、芍药及紫萼等多年生草本植物在种下后 1~2 年内无须太多打理，不过当植株长得过大时，中心部植株便开始老化，其开花也会受到影响。因此，需要每隔 3~4 年进行一次分株、重植。分株的最佳时期为秋季或是初春时节植株即将发芽的一段时间。

多数植物都不适于长期种于同一场所，应尽量将其移栽到不同于之前的环境中。如果客观条件不允许，就要通过深耕及施加堆肥来充分改良土壤。

❖ 矮灌木的分株

灌木植物的分株情况无外乎两种：一是由于植株过大造成了不便；二是想增加植株数量。落叶树可于冬季休眠期进行分株，而南天竹等常绿树则可选在 3 月下旬或梅雨季来进行分株。

操作时可挖出全部植株，然后用锋利的铲子或锯子将植株分割成想要的大小。重植时适当修剪一下地上部植株，会更利于植株成活。

多年生草本植物可隔几年进行一次分株、重植。操作时需抖落植株根土，用手将其分成两份（或更多）。对于较硬的植株，可用剪刀剪开植株基部进行分株。

更新剪枝与间疏剪枝

在庭院或花盆中栽种植物时，不可任由枝条随意伸展，要进行适度修剪。
下面就介绍一下剪枝的最佳时期及具体方法。

将修剪植物枝叶的作业统称为"剪枝"，其具体方法因目的而异。

更新剪枝需剪短枝条

对树木而言，树干及枝条的不断伸展使植株体积逐年增大。盆栽植物自不必说，即便是庭院树也需每隔几年进行一次剪枝，以维持其紧凑树形。

将这种剪短过长枝条及树干的剪枝称为"更新剪枝"（多用于更新植株），将在枝条根部进行的剪枝称为"间疏剪枝"。一般会同时使用两种方法。

"更新剪枝"既有维持目前植株大小的小幅修剪，也有缩小树形的大幅修剪。

❖ 必须在新芽上方剪枝

进行更新剪枝时，不可随意决定剪枝位置，一定要选在即将发芽的枝条上方。如此一来，新芽才能长出新枝。

由于若干新芽中的顶端芽最具生长优势，所以剪枝时需预先判断一下新枝可能的伸展方向，然后决定在哪处新芽上方剪枝。一般来说，在外芽（即向树干外侧生长的芽）上方剪枝可确保万无一失。

盲目剪断无芽枝条会导致残枝上的嫩芽枯萎，严重时还会殃及枝根部。

❖ 大幅剪枝能促进粗枝生长

进行更新剪枝时，修剪幅度越大（即剪得越短）越利于长出强健枝条。其原因在于减少枝条上的芽数，利于树木养分集中供给单个嫩芽。反之，小幅剪枝虽保留了多数嫩芽，却造成树木养分过于分散，因此很难长出强健枝条。

以梅树为例，在初春剪枝时如从枝根部剪去那些疯长的枝条，切口附近很快又会长出结实的新枝。为抑制枝条疯长，首先应剪去1/3长度的枝条。通过抑制粗枝生长使植株生出更多中粗枝或短侧枝，以此促进花芽生长。

间疏剪枝需减少枝条

生长多年的树木枝叶非常茂密，树冠内的透光性和通风性都较差，如长久不加以打理不仅易产生枯枝，还易感染病虫害。因此，需要间隔开过密枝条以增大枝间距，此为"间疏剪枝"，又称"间伐"或"除枝"。

对树干的粗枝进行间疏时，需用锯子沿主干侧枝的边界处锯断枝条；对于中粗枝条，可从分枝处直接剪断。此时的操作与更新剪枝时相同，切勿在枝条中间剪断，而应从分枝处剪断。

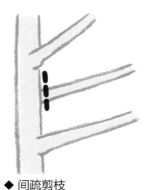

◆ 间疏剪枝

从侧枝根部剪去多余枝条。

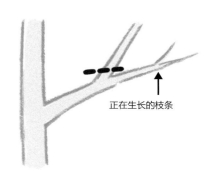

◆ 更新剪枝

在侧枝上剪枝时，可选在紧邻嫩芽的上方或分枝处。

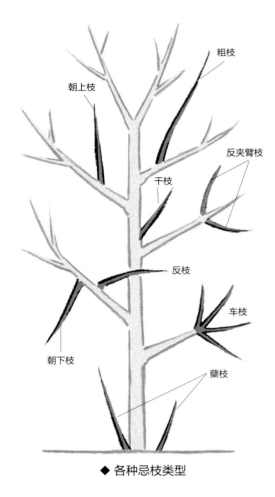

粗枝

朝上枝

反夹臂枝

干枝

反枝

车枝

朝下枝

蘗枝

◆ 各种忌枝类型

❖ 需要间疏的多余枝条

除专业人士之外，大多数人在间疏剪枝时都不知该从何下手。

因此，我们需了解一下古法中提到的"忌枝"，即多余枝条的总称。古人们根据长期经验将其总结为"不可保留的无益于树木生长的枝条"。

只有对忌枝有所了解，才能保证间疏剪枝的顺利进行。下面介绍一下主要的忌枝类型。

内枝　即生长于树冠内部的细弱枝条。由于树冠内几乎无日照且通风较差，使得这些枝条无法茁壮生长。

朝上枝　不同于大多枝条斜向上的伸展方向，而垂直向上生长的枝条。该类枝条长势较猛，如任由其生长不仅会打乱树形，还会形成与主干势均力敌的架势，所以应尽早剪除。

朝下枝　与朝上枝的方向相反，即垂直向下生长的枝条。该类枝条外形极不自然，由于长势较弱很快就会枯死，所以应尽早剪除。

反枝　正常树枝多朝向树冠外侧伸展，而有些树枝会在生长过程中突然朝向树冠内侧伸展，从而与其他枝条交错重叠，这类枝条为反枝，需及时剪除。如任由反枝生长以致与树干交叉，就会变成"切腹枝"，十分有碍观瞻。

重叠枝　即位于枝条下方、与上枝平行生长的枝条，也称为"平行枝"。由于此类枝条接受的日照有限，所以很难茁壮生长。树木为使所有枝条都能接受日照而稍微变换了枝条角度，于是便衍生出这种忌枝。修剪重叠枝时应先决定保留上、下哪根枝条，然后从枝根部剪去多余枝条，以促进另一枝条更好地生长。

反夹臂枝　即左右包夹树干的枝条。由于该类枝条交错生长且外观较匀称，适于从枝根部剪去其中一根。例如枝条对生型的槭树，其对向生长的枝条会在生长过程中出现一方枯萎的现象。

车枝　即在一处枝端生出数根车轴状的枝条。该类枝条不仅外观不佳，还很难正常发育，需尽早剪除。剪除时仅需保留两三根枝条即可。

干枝　即在成树树干上后期生出的枝条。由于干枝多长于树形定型后，几乎都为多余枝条。此类枝条会影响其他枝条生长，一旦发现应立即剪除。

蘗枝（根枝）　即生于根部的不定芽。如果任由其生长，不仅严重影响树形还会妨碍树木生长，因此一旦发现应立即剪除。

庭院植物及盆栽植物的病虫害防治

园艺作业中最耗费精力的作业就是应对病害与虫害。
由于药剂会对家人及周围邻居产生一定影响，决不可随意喷洒。

　　危害植物的病害及虫害种类很多。夏季高温高湿的气候易引发多种病虫害。当看到自己爱如珍宝的植株遭受病虫害侵袭时，真是欲哭无泪啊！

首先应创造出不易感染病虫害的环境

❖ 尽量减少用药

　　多年以前，人们一直习惯于用杀菌剂预防病害，用杀虫剂预防虫害。

　　如今，这种观念已发生了转变。由于药剂引发的环境问题以及考虑到其毒性对人及宠物的影响，即便是弱毒性的家用园艺农药也被尽量控制使用。

　　当然，有些情况仍需使用药剂。此时，应尽量减少使用频率或者将一次喷洒量降为最低。

❖ 何为病虫害易感环境

　　不知您是否有过这样的经历，自家庭院的植物每年都会感染病虫害，而邻居们的庭院却能安然无恙。

　　当自家庭院比周围更易引发病虫害时，多半是由于庭院环境存在问题。这类庭院一般有如下特征。

通风较差

　　周围满是建筑物与围墙的庭院一般通风较差，极易引发病虫害。杜鹃网蝽等病虫害会在空气不流通的地方大量繁殖，而在通风良好的棚架上几乎看不到。白粉病也常发生在通风较差的环境中。

日照不足

　　庭院树剪枝不及时会使枝叶过度繁茂，以致影响整个庭院的光线。植物生长在这样的环境中会越发脆弱，难免会感染病虫害。

排水不良以致庭院返潮

　　作为病原体的霉菌和病菌都喜欢高湿环境。因此，排水性较差的庭院在梅雨季时尤其易引发病虫害。

　　当上述条件同时出现时，发生病虫害的机率会成倍增加。反之，适时改善不良环境便能大幅度降低病虫害发生的机率。具体可从以下几方面入手。

❖ 对枝叶过于繁茂的庭院树进行剪枝

　　不仅要进行更新剪枝，还要针对粗枝进行间疏剪枝，以此改善日照及通风性。

❖ 用栅栏代替石墙

　　用通风性较好的栅栏取代不透风的石墙。选择金属栅栏或斜条栅栏均可，可同时栽种一些蔓生植物以起到遮蔽作用。不过，当蔓生植物过于繁茂时也需适度剪枝以加强通风。

❖ 及时清理残花败叶

　　植株上的残花败叶极易引发灰色霉菌病，应及时清理。

❖ 提高栽种地的排水性

　　改善整个庭院的排水性需修建暗渠式排水沟，整个工程耗时巨大。不过，加高花坛、改善栽种地的排水性则较为简单。其中一种方法是在周围挖一条深达 10~20cm 的排水沟，使存积的雨水流入排水箱斗；另一种方法是在花坛或栽种地周围用石块及砖块垒起花床并培上土（又称"加高式花坛"）。

用药注意事项

有时在完善的环境条件中仍会出现病虫害。当蚜虫、蚧虫等虫害不严重时，可用手或刷子清除掉。对于怕水的叶螨类害虫，用水管冲洗叶背即可驱除。

不过，对于面积较大且盆栽较多的庭院，以上方法就显得杯水车薪了。尤其是肉眼不易发现的虫害、病害，只有使用园艺农药才能进行有效防治。操作时需注意以下几点。

❖ 应对症用药

首先，应准确查明花、叶及茎部发病的具体原因，然后有针对性地用药。

园艺用农药大致分为两种，即具有杀虫作用的"杀虫剂"及能预防病菌、霉菌的"杀菌剂"，只有对症用药才能达到理想的效果。此外，土壤等因素会引起植株出现微量元素缺乏症等生理功能障碍，此时用药则毫无效果。

总而言之，当植株出现异常时，首先应查明原因，然后寻找解决方法。

向行家请教

当手边的园艺书籍无法为我们提供帮助时，最好请教那些经验丰富的园艺工作者。如果家附近有这种常年从事园艺工作的人，请务必向他们讨教一番。如果问题依然没有解决，还可以去附近植物园的"绿色求助站"进行咨询。

专家们很难凭借口头叙述判断具体病因，去咨询时最好带上染病的枝叶或植株照片。

详细阅读农药说明书

一旦确定病因后，即可选择用药。此时应仔细阅读各种药剂说明书及商标上的注意事项。有些药剂针对的虫害、病害虽然相同，但施加的对象植物却有差异。一旦错误使用不仅会对植株产生毒性，还会引发各种问题，需多加注意。

❖ 应考虑对邻居的影响

最近，因喷洒农药而引发的邻里矛盾不断增多。由于农药会对人及宠物产生一定影响，所以使用时需顾及邻居们的感受。我们应提前跟邻居说明情况，请他们关闭门窗、收好晾晒的衣物。

❖ 应选在无风的傍晚进行喷药

为防止药剂挥发、实现有效喷洒，应选在多云且无风的傍晚进行喷药，且整个过程要迅速。高温时喷药易引起毒副作用。

❖ 应严守规定浓度

烟雾型及喷雾型农药可直接喷洒，而乳剂型、水溶型农药则需用水稀释成一定浓度后才能使用，过高或过低的浓度均不利于发挥药效。尤其当药剂浓度过高时，不仅药效不佳，还会对植物生长产生毒副作用。

❖ 应严控用量

农药的药效并不受使用量的影响。如果已对整个植株的叶、茎喷洒了农药，就无须再加大用量，否则不仅造成浪费还会加重对人体及环境的影响。此外，用水稀释的剩余药剂不能保存，所以每次使用应配制最小用量。

❖ 喷药时的注意事项

由于农药具一定毒性，使用时需采取相应防护措施。为防止药剂接触皮肤，喷药时需穿着长袖衫及长裤，同时佩戴手套、口罩、帽子、眼镜（如护目镜之类）。不要穿着拖鞋，应选择易于清洗的长靴。

于上风处喷洒

为避免药剂接触身体，必须选择从上风处喷药。一旦身体出现不适，需立即停止作业。

喷药后的注意事项

作业完成后需洗净喷雾器及各种计量用具，并对洗净的空药瓶做安全处理。同时脱掉工作服，充分洗净脸部及手脚。

简易园艺的相关问题

园艺操作并无一定之规，可自由发挥想象力。
不过，有些问题也让我们十分头疼。

Q1

庭院内排水性较差，植物长势不佳，不过日照较为充足。如果想修建花坛并栽种各种花草，应如何操作呢？

A 影响庭院排水的原因有很多，最可能的原因就是庭院地势低于周围地势。这种情况最易存积地下水，只有通过深挖排水沟来解决这一问题。

另外，当土质较粘时，地下易产生不透水层也会导致存水。此时可采取暗渠式排水法，即在地下铺设排水管或砂石以构成排水通路。考虑到植物生长，可用客土（从别处运来的土壤）取代排水层上方的表层土壤。如果很难弄到客土，可施加堆肥或腐叶土并深耕土壤，以充分改良土质。此外，人工建地减少了富含腐殖质的表土以致硬地裸露，优质土壤也在重型机器的碾压下逐渐固化，这些都是影响庭院排水性的常见原因。

● 做花床

如要改善整个庭院的排水性，需架设排水通路才能解决根本性问题。对局部环境而言，如栽种花草时可考虑堆土修建花床（高床花坛）。高于地面的花床不仅能加强日照，还便于日常的打理及观察。

Q2

紧邻街道的南向用地建有石墙，形成了狭小的背阴空间，使得此处的花草长势不佳。我曾想拆除石墙，却一直下不了决心，不知如何是好。

A 以前的住宅多为门庭宽敞的日式宅院。近年，人们出于对私密空间的需要，逐渐在住宅周围建起围墙或矮篱笆墙。

然而，这会让原本并不宽敞的庭院更显狭小，同时还衍生出多个背阴地。

由于近年住宅风格的逐渐西化，使得门庭空间越来越小，类似以前那种开放式庭院也在逐渐增多。

拆除南向围墙不仅能明显提高日照强度，还能改善通风、减低病虫害的发生机率。此外，开放式庭院也能促使自己进一步提高园艺水平。

如想多少设置一些遮蔽物，可在近处修建栅栏并种植一些

铁线莲、忍冬等蔓生植物，再配上几棵庭院树就能基本满足人们对遮蔽性的要求了。

Q3

为能在室外享受休闲时光，我特意修建了一个连接起居室的南向木连廊。然而每逢夏季，这里的光照都十分强烈，以致白天几乎无法使用，即便有遮阳伞也因光线移动而几乎起不到什么作用。有何改善措施？

A 由于木连廊为人们提供了一个可以读书、品茶的户外休闲空间，因而广受欢迎。它作为起居室的延伸区不仅便于人们随意走动，还有效拓宽了生活空间。目前，家具商店还售有便于组装的半成品连廊套件。

然而，很多修建的木连廊并未得到有效利用。

其主要原因在于日本适于户外休闲的时间仅有春、秋两季。尤其当酷暑来袭时，阳伞在不断移动的日照下显得毫无用处。一到傍晚，大量的豹脚蚊又让人头疼不已。

为能在春季至秋季期间有效利用木连廊，最好给连廊设置一个兼具遮阳挡雨功能的凉篷（移动式帐篷）。或者在连廊西南角种植一些枝叶茂盛的落叶树（不适于栽种常绿树）。沐浴在舒适的叶隙光中能有效缓解压力，吹拂过绿叶的阵阵凉风也比凉篷更惬意。

如野茉莉、槭树类、连香树、六月莓、栲树、合欢树、玉铃花、山荔枝、百日红等观赏型树种均适于营造绿荫。

Q4

由于住宅近前是高层建筑，以致庭院内几乎没有日照。这种环境不仅无法种植花草，就连草坪也日渐光秃，矮篱笆墙上的枯枝也越发刺眼。不知如何处理。

A 个别市区住宅也会遇到这种不走运的情况。日照条件差是非常不利的因素，这对园艺爱好者而言更是巨大地打击。

不过，我们也不可轻易放弃，应学会在低日照环境中打造舒适的户外空间。

● 用人工手段改变整体氛围

当日照条件较差时，之前栽种的很多植物都无法正常生长。

所以应及时拆除颓废的矮篱笆墙，换上色彩明亮的花园墙板，并在墙上安装照明灯，使之成为一个可供晚上使用的室外客厅。同时，用亮色涂料重新粉刷住宅外墙。

放弃那些需要日照的草坪类植物而将此处变成一个露台。在地面铺上石砖，并在周围铺上白色或茶褐色的细沙，以提升整个空间的亮度。

● **巧用耐阴性强的彩叶植物**

栽种植物时需选择耐阴性强的种类，最好是那些不具有遮阴效果的矮株植物。日式庭院常用的紫金牛、麦冬等叶片颜色过于浓绿，会使庭院更显灰暗，应避免使用。选择条纹禾叶土麦冬、条纹筋骨草、黄绿叶片的黄金钱草 Aurea、叶片镶边的蔓长春花、条纹野芝麻、带草等最为合适。

如果非要种植一些漂亮的花草，可以选择水仙、郁金香等秋种型的球根类花卉。由于球根中生有花芽，即便种于背阴处也能在春季开花，只不过花茎、花叶多少会出现一些长势过猛的情况。种植这些花卉时无须考虑花期之后的长势，可将其作为一年生草本植物，一旦花期结束就及时清理掉。

Q5 ···
开放于春季至秋季的花卉把庭院点缀成一幅繁花似锦的景象，而深秋至冬季的庭院就显得冷清许多。虽然也栽种了一些三色紫罗兰、三色堇，但仍觉不足。

A 时至深秋，庭院中的鼠尾草、小菊花等花卉花期已过，红叶树也倍显萧条，整个庭院一下子冷清许多。虽说这种光景也是庭院特点之一，但人们终归乐于见到色彩鲜亮的事物。此时，三色紫罗兰是最适于露天种植的花卉。然而，若在每家每户看到的都是三色紫罗兰、三色堇，想必也会让人腻烦。

● **栽种果实型植物**

我们可在深秋至冬季期间，栽种一些能长时观赏的果实型树木，如落霜红、适于宽敞空间的山桐子（雌树）、楝树等落叶树以及柑橘类、铁冬青、南天竹、火棘、西洋枸树、草珊瑚、朱砂根等常绿树。由于果实的观赏期要长于花卉，所以最适合点缀秋冬庭院。

● **巧用茶梅、早开型山茶花**

茶梅（包括小叶山茶）及早开型山茶是最适于秋冬季观赏的花木。虽然这两种花木常见于日式庭院，但欧美等地常称之为 Winter Rose（冬季玫瑰），可见这两个树种也是点缀冬季西式庭院的必备常绿花木。

茶梅品种很多，花色有白、粉、红及杂色等，尤其是粉中带蓝的重瓣品种"少女"最适于美化西式庭院。

对于山茶，可选择 11~2 月开花的早开型品种。

无论茶梅还是山茶都可通过修剪加以定型，也是常用的西式庭院树。不过，它们的缺点是叶色过深，可通过搭配种植叶色亮丽的黄杨及彩叶针叶树解决这个问题。

栽种植物的相关问题

栽种植物会遇到各种问题，在此列举几个常见的基本问题。

Q1..

为使天竺葵花苗尽快长成大棵植株，特意将其种在大型赤陶盆中，然而，花苗的长势并不理想，不知原因何在？

A 伸展的植物根部会吸收盆土中的水分，导致盆土很快干燥，而未伸展的根部却不易干燥。当土量过多时，盆内的湿度也增大了，此时根部无须伸展即可吸收到水分，可见这并不利于根部生长。所以，移栽花苗时不能一开始就选用过大的花盆。

那种"土量越多越利于根部生长"的想法是大错特错的，我们应根据根部大小来选择合适的花盆，因此过去人们在移栽时一直强调"应选择比根土大一圈的花盆"。

不过，我们在混栽时不得不将若干扎根不深的花苗种在较深的花盆中。如果花盆内填满土，即便花苗数量较多盆土也不易干燥。此时，可在花盆中先放入约一半体积的苯乙烯泡沫碎块，然后再放入花土。当然也可使用盆底石，不过它会增加花盆的重量。

Q2..

我想通过播种来栽种花草，不过很多园艺书都强调从花苗期移栽。为什么栽种花草时不能一开始就在观赏地播种种植呢？

A 虽然有极个别花草品种不适于移栽，但多数品种都应先在育苗箱或小盆中播种，然后待植株长出 4~5 片真叶后再将其移栽到小苗盆中进行育苗。移栽花苗时，可用双手的食指和中指或用镊子从苗床上轻轻挖出花苗。

也许有人认为移栽比较麻烦，如果直接在苗盆中播种，当花苗数量较多时进行间苗即可。虽然这种方法也可行，但为了培育出优质的植株，移栽是必不可少的。其原因如下。

移栽能有效促进须根生长

当你有机会仔细观察植株的根冠时会发现，在长势旺盛的须根根端密生着大量被称为"根毛"的纤细白色分叉根。根毛增大了根部的表面积，使得植物能有效吸收养分及水分。大量须根上的根毛数量远远超过少数粗根上的根毛数量，其吸收效率也明显高于粗根。

植物从种子长成花苗的过程中，不断生长的主根很难分枝。通过早期移栽能遏制主根的长势，促进须根生长使根冠更饱满，由此也能培育出更加结实而耐旱的植株。

Q3..

进入 9 月之后，我从园艺商店买来郁金香的球根并将其种在窗边的花盆中，满心期待着它能在年底时开花。

A 令人遗憾的是，这种情况下的植株是很难开花的。包括郁金香在内的很多春种型球根花卉在秋冬交替的 2 个多月内，当温度在 5℃~7℃时是很难从休眠中苏醒的。如在初秋时将其一直放于室内温暖的环境中，植株不但不会长出花苞甚至连花叶也不会展开。所以，在购入球根后需进行低温处理以打破休眠。不过，为了尽享花容，最好还是选择适宜的季节进行栽种。

即便是能通过水培法在室内栽种的风信子，也需在打苞之前将其移至无暖风的房间。

不过，市售的球根植物中也有例外。如盆栽型的孤挺花球根，购买后可将其直接置于温暖环境中，只要适时浇水植株很快便会长出花茎。这是因为球根在上市前已被冷藏低温处理过了。

Q4..

我很喜欢盆栽，所用土都为市售花土。但有人建议应混合一定比例的基础土，不知是否真的如此？

A 以前人们习惯将赤玉土、桐生沙、河沙及腐叶土等混在一起做成花土，而现在很多人使用的都是现成的花土。不过，有些人在栽种菊花或山野草时仍习惯自己配比花土，但一般的家庭院艺用土则不必如此精细。市售的花土种类很多，大致分为富含泥炭藓的轻质型"花草用土"；富含赤玉土等的重质型"树木用土"；其他还有"蔬菜用土"，其成分与花草用土大致相同。常备数种基础土不仅占用很多空间，混合时的作业也会破坏环境整洁。十多年前的花土质量较差，但近年其品质已有了大幅度提升，尽可放心使用。而且，多数花土中都添加了缓释肥，这也省去了栽种后施肥的麻烦。

Q5

听说酷夏时不宜在中午给植物浇水，不知是否真有其事？每当看到花盆中已渐干燥的植物，都忍不住立刻浇水。

A 任何一本园艺书籍都会建议酷暑时应在早晨给植物浇水，尤其要避免晴天中午时浇水。

这种说法并非空穴来风。酷暑时节日照极强，以致花盆温度很高，此时浇水无异于把花盆变成了一个热水盆，其闷热环境会损伤根部。夏天时植株根部对热度极为敏感，根部往往在夜晚能进行恢复而在早晨重现活力，因此早晨浇水更利于植株生长。如牵牛花、菊花等植物，即便叶片稍显萎蔫也多能在傍晚时恢复过来，因此应耐心等到次日清晨再浇水。

不过，当植株出现中暑症状，如旱情明显、叶茎严重萎蔫时，应立即浇水。此时需充分浇水以降低花盆内温度，并将植株移至背阴处修养。

有些园艺书提出，酷夏中午时从上到下给植株浇水会使水滴产生如凸透镜一样的作用致使叶片被晒伤，同时书中还配有图解。虽然我不知道此番言论从何而起，但它的的确确是谬论。就水滴的焦距而言是根本不可能晒伤叶片的，否则雷雨过后的树木岂不都要被晒伤了？

Q6

我养了很多包括观叶植物在内的盆栽，但自打开春后，很多植株的长势都不佳，如果施肥不知哪种肥料好呢？

A 很多人都误以为植物离开肥料就无法生长。其实，肥料在植株根部活动不旺盛的时候不仅对植株无益反而有害。

植株生长状态不佳正说明根部状态不活跃，此时施肥不仅很难被植株有效吸收，还会伤损根部。这就好像让病人吃补药一样，不仅于健康无益还会影响肠胃功能。

植物能通过光合作用合成生长所需的绝大多数必要养分，而肥料只起到一个补充养分的作用。即便不施肥，植株也不会立刻衰弱、枯萎。

原产于热带的观叶植物在开春后仍处于休眠中，根本无须施肥。如发现盆土干燥，仅需浇水即可，植株会随着气温上升而慢慢长出新芽。当植株长出新叶后，证明根部状态逐渐活跃，此时方可施肥。

施肥时，既可选用氮磷钾配比均衡的缓释肥，也可选用油渣中混有骨粉的发酵固体肥。

内 容 提 要

本书介绍了适于窗边、露台、室内及庭院等处的耐阴植物，包括花卉、绿叶植物、杂木及多肉植物在内的多种植物的形态特征、生活习性及所适合栽培的场所，并根据不同场所，具体讲解了不同的园艺设计方案，同时也详细说明了所搭配的植物的栽种方法。通过阅读、学习本书，可将家中日照不足的地方充分利用起来，打造专属于自己的家庭园艺。

北京市版权局著作权合同登记号：图字 01-2016-8947 号

本书通过韩国爱力阳版权代理公司代理，经日本株式会社主妇之友社授权出版中文简体字版本。

Hikage ya semai basho de no chisana niwa zukuri

Copyright © Shufunotomo Co., Ltd. 2016

Originally Published in Japan by Shufunotomo Co., Ltd

through EYA Beijing Representative Office

Simplified Chinese translation rights © Multi-Channel Electronic Information Co., Ltd

图书在版编目（ＣＩＰ）数据

　　莳花弄草：家庭庭院的植物选择与搭配 / 株式会社
主妇之友社著；冯莹莹译. -- 北京 : 中国水利水电出
版社，2017.6（2023.4 重印）
　　ISBN 978-7-5170-5516-7

　　Ⅰ．①莳… Ⅱ．①株… ②冯… Ⅲ．①庭院－园林植
物－观赏园艺 Ⅳ．①S688

　　中国版本图书馆CIP数据核字(2017)第139509号

策划编辑：杨庆川　　责任编辑：邓建梅　　加工编辑：白璐　　美术编辑：郭立丹

书　　名	莳花弄草——家庭庭院的植物选择与搭配 SHIHUA-NONGCAO——JIATING TINGYUAN DE ZHIWU XUANZE YU DAPEI
作　　者	【日】株式会社主妇之友社　著　冯莹莹　译
出版发行	中国水利水电出版社 （北京市海淀区玉渊潭南路 1 号 D 座　100038） 网　址：www.waterpub.com.cn E-mail：mchannel@263.net（答疑） 　　　　sales@mwr.gov.cn 电　话：（010）68545888（营销中心）、82562819（组稿）
经　　售	北京科水图书销售有限公司 电　话：（010）68545874、63202643 全国各地新华书店和相关出版物销售网点
排　　版	北京万水电子信息有限公司
印　　刷	天津联城印刷有限公司
规　　格	210mm×285mm　16开本　10印张　232千字
版　　次	2017年6月第1版　2023年4月第10次印刷
定　　价	50.00元

凡购买我社图书，如有缺页、倒页、脱页的，本社营销中心负责调换